El mensaje de los fósiles

Sección: Ciencia y técnica

Pascal Tassy:

El mensaje de los fósiles

El Libro de Bolsillo
Alianza Editorial
Madrid

Título original: *Le massage des fossiles*
Traductor: Alegría Gallardo
Revisado por: Alegría Gallardo

Calle Juan Ignacio Luca de Tena, 15; 28027 Madrid; teléf. 741 66 00
ISBN: 84-206-0667-7
Depósito legal: M. 4.131-1994
Fotocomposición: EFCA, S. A.
Avda. Doctor Federico Rubio y Galí, 16; 28039 Madrid
Impreso en Lavel. Los Llanos, nave 6. Humanes (Madrid)
Printed in Spain

Introducción

Hubo que esperar a las postrimerías del siglo XVIII para que el término «fósil» pasara a designar específicamente los restos de organismos vivos conservados en las rocas. Hasta entonces, como indicaba su etimología latina (*fodere* = excavar), el término remitía confusamente a todo aquello que, extraído del seno de la tierra, presentaba una forma susceptible de despertar curiosidad, ya se tratara de minerales o de concreciones diversas. Sin embargo, todavía en 1768, J.-B. Robinet hablará en su tratado *De la naturaleza* del «carácter animal de los metales, de las piedras y de toda clase de sustancias fósiles». ¿Puede imputarse tan persistente vaguedad a cierta falta de interés por la observación minuciosa de la naturaleza?

La lectura de los numerosos testimonios que nos ha transmitido la Antigüedad grecolatina no confirma esta interpretación. En la era cristiana se asistió incluso a una verdadera pasión por algunos de los descubrimientos que más tarde adquirirían su sentido en el marco de la «geología». Es cierto que no puede hablarse de «geología» ni de «paleontología» antiguas sin caer en el anacronismo; las mismas palabras, al igual que su contemporánea «biología», no aparecen hasta principios del siglo XIX. Sin embargo, es sabido que ya Jenófanes de Colofón (h. finales del siglo VI a.C.) había observado la existencia de conchas marinas tierra adentro, presentes incluso en la falda de las montañas; y había señalado las impresiones dejadas por peces y algas en las canteras de Siracusa, Peros y Malta.

Estas observaciones, recogidas por Herodoto (484-420 a.C.), renovadas por Jenofonte (h. 427-355 a.C.), y confirmadas más tarde por Plutarco (h. 50-125 d.C.), hallarán una poderosa resonancia gracias a unos versos, siempre citados, del gran poeta latino Ovidio (h. 43 a.C.-17 o 18 d.C.) que aparecen en el libro XV de su *Metamorfosis*: «He visto con mis propios ojos transformada en mar lo que antaño fuera tierra firme; he visto tierras surgidas de las ondas, y el suelo, lejos de la mar, tapizado a menudo de conchas marinas [...]».

Estas conchas y estas impresiones «hablan» a los antiguos. Jenófanes y Herodoto no se equivocaban sobre lo esencial del mensaje: en el pasado, los mares se extendieron mucho más allá de sus límites establecidos. De hecho, dos de los más célebres geógrafos de la Antigüedad propusieron explicaciones divergentes para dar cuenta de tales movimientos marinos. El primero fue Eratóstenes (h. 284-h. 192 a.C.), contemporáneo de Arquímedes, célebre por haber sido el primero en realizar la medición de la circunferencia terrestre. Según Eratóstenes, el mar Mediterráneo experimentó un descenso de nivel al producirse la súbita apertura de los dos estrechos que marcan sus límites: las «Columnas de Hércules» (estrecho de Gibraltar), que dan al Atlántico, y el Ponto Euxino, que le pone en comunicación con el mar Negro.

Cuatro siglos más tarde, Estrabón (h. 58 a.C.-h. 21-25 d.C) —el segundo de estos autores— tachará estas afirmaciones de puras quimeras, buscando «causas reales», identificables en el estado actual de la naturaleza, para explicar estos desplazamientos. En su extensa *Geografía* atribuye la presencia de conchas marinas lejos de las costas a fenómenos relacionados con maremotos: seísmos, erupciones volcánicas, levantamientos, hundimientos o derrumbamientos súbitos del suelo submarino.

Sin embargo, este aspecto del mensaje de los fósiles era difícil de integrar en la concepción antigua de la Tierra. Esto explica sin duda su ausencia, frecuentemente señalada, en la obra de Aristóteles (h. 384-h. 322 a.C.), tan enciclopédica y rica sin embargo en observaciones concretas. En efecto, la cosmología aristotélica supone un cosmos eterno en el cual el mundo terrestre, aunque sometido al cambio (como el mundo «sub-lunar» en su conjunto), desconoce los bruscos movimientos que implicaba la interpretación de Jenófanes sobre la distribución de los fósiles.

La larga hegemonía de que disfrutó la concepción aristotélica del mundo contribuyó de rechazo a desatar la imaginación de los naturalistas, que se revelaría enormemente fértil por otra parte. Al no poder adquirir un significado en relación con algún fenómeno o proceso de tipo natural, el mensaje de los fósiles se fue tiñendo de tonalidades sobrenaturales. Ya Plinio el Viejo (23-79 d.C.), al interrogarse sobre la procedencia de lo que actualmente identificamos como dientes fósiles de tiburón, encuentra en ellos una cierta semejanza formal con la lengua humana. Se les dará por tanto el nombre de «glosopetras» (literalmente: «lenguas de piedra» o, si se prefiere, «piedras-lengua»). Y el autor de la *Historia natural* no duda en afirmar que caen del cielo durante los eclipses de luna. Esta leyenda, actualizada con elementos cristianos, atravesará la Edad Media trasladada en una versión «a lo divino». Los glosopetras, rebautizados como «lenguas de San Pablo», pasarán a ser lenguas petrificadas de serpientes, criaturas que el apóstol había maldecido —según se contaba— tras haber sido mordido por una de ellas en la isla de Malta. A los dientes fósiles de tiburón, convertidos ahora en lenguas de serpiente, se les atribuyeron virtudes medicinales particulares, y especialmente, siguiendo un proceso de contaminación semántica característico del pensamiento mágico, la de absorber y neutralizar venenos y ponzoñas.

El mismo tipo de pensamiento mágico se apoderó

desde el primer momento de los restos de mamíferos fósiles descubiertos en la Antigüedad. Empédocles (492-432 a.C.), que relata el descubrimiento de grandes osamentas fósiles en Sicilia, ve en ellas los vestigios dejados por la mítica raza de «gigantes» cuyo perfil inmortalizara Homero. La leyenda se transmitirá a Roma y perdurará hasta el siglo XVII, mezclándose también con creencias religiosas de origen cristiano. A san Cristóbal —tenido por varón de estatura poco corriente— llegó a adjudicársele nada menos que un molar de mamut y la vértebra dorsal de un elefante, el primero conservado y venerado como reliquia en Valence y la segunda en Múnich. Los Cárpatos y Transilvania, así como China, desarrollan una mitología de «dragones» a la vista de los restos de los grandes mamíferos del cuaternario. Mientras, los fantasmas de la Europa medieval se movilizan en torno al fascinante y misterioso Unicornio, criatura que la imaginación colectiva desprendió del rinoceronte de un sólo cuerno de la India. A su único cuerno se le atribuyeron las mismas propiedades curativas que a los glosopetras, a las que se añadían, si llegaba el caso, virtudes afrodisíacas. No tarda en establecerse y prosperar un fructífero comercio basado en supuestos cuernos de unicornio.

El cuestionamiento de estas fábulas sólo empieza a perfilarse a finales del siglo XVI. Ambroise Paré (1510-1590) publica en 1580 su *Discurso sobre el unicornio* para denunciar estas fantasías. Un siglo después, el jesuita Athanasius Kircher (1602-1680) entabla por su parte la lucha contra los «gigantes». ¿Quiere esto decir que la historia se encamina hacia una comprensión más exacta del mensaje de los fósiles, como cierta perspectiva lineal del progreso del conocimiento podría hacer creer? En absoluto, porque lo que de hecho se está poniendo ahora en duda es la naturaleza orgánica de los fósiles en beneficio de una misteriosa «fuerza plástica» que se supone actúa en el interior de las rocas y que, por puro capricho, se habría complacido en imitar a las formas vivas. Tal es el parecer de Kircher en su célebre *Mundus subterraneus* (1678), pero también la del médico Gabrielle Fallope (1523-1562), que no duda en calificar de ¡concreciones pétreas! a los elefantes fósiles descubiertos en Italia.

Pese a que no puede decirse que la idea sobre el origen orgánico de los fósiles fuera nueva, como ya hemos visto, sólo consigue imponerse verdaderamente en los últimos años del siglo XVII. La tesis «orgánica» había conocido incluso un nuevo período de popularidad durante el Renacimiento. Leonardo da Vinci (1452-1519) volvió a afirmarla, y tuvo un valiente defensor en Bernard Palissy (h. 1510-1589 ó 1590). Bernard le Bovier de Fontenelle (1657-1757), varios años después, elogiaría a éste último en los siguientes términos: «Un alfarero que no sabía griego ni latín fue el primero que, a finales del siglo XVI, osó decir en París y en presencia de todos los doctores de la Sorbona que las conchas fósiles eran conchas verdaderas que el mar había depositado en otros tiempos en los lugares donde ahora se encontraban, y que las formas caprichosas que presentaban algunas piedras se debían a animales, especialmente peces; y apostó intrépidamente a que toda la escuela de Aristóteles sería incapaz de atacar tales pruebas.» Aunque todavía se oían opiniones como la de Voltaire, que seguía sosteniendo que los fósiles no eran sino meros «caprichos de la naturaleza», la tesis «orgánica» iba ganando adeptos entre los naturalistas del siglo XVIII, con Buffon (1707-1788) a la cabeza. Tras la publicación de la *Protogea* de G. W. Leibniz (1646-1716), esta tesis había incorporado la idea según la cual «durante los grandes cambios que ha experimentado el globo terráqueo, un gran número de formas animales se han visto modificadas». Buffon iba todavía más lejos al destacar que ciertos fósiles pertenecían visiblemente a «animales que existieron en el pasado pero que ya no existen».

Sin duda alguna, el desmembramiento de la física aristotélica y los comienzos de la ciencia moderna están indirectamente en la base de la renovación y la posterior victoria de esta tesis. Pero a su aceptación contribuyeron otros tres factores de una importancia histórica considerable. El primero de ellos tiene que ver con los progresos de las industrias mineras y la exploración de nuevos mundos, que favorecieron la acumulación y la diversificación de las muestras fósiles. El segundo se relaciona con la mejora de las técnicas de observación que permiten, por ejemplo, que Robert Hooke (1635-1703) —uno de los pilares de la Royal Society fundada en 1606—

estableciera, gracias al microscopio, una clara distinción entre los animales y plantas «petrificados» y los cristales. El tercero se vincula, paradójicamente, a la querella teológica originada por esta tesis. Dado que la Reforma protestante había alentado la lectura literal de la Biblia, se suscitó la cuestión de conciliar las interpretaciones que se daban al mensaje de los fósiles con la palabra de las Escrituras. Durante mucho tiempo, el Diluvio se convirtió en el centro de vivas polémicas. El Génesis describía un acontecimiento de ámbito universal, instantáneo y violento. ¿No podía explicarse fácilmente la presencia en las montañas de conchas marinas invocando la violencia de las olas, que las habría arrastrado y transportado hasta allí? Sin embargo existía una dificultad cronológica, debida a la autoridad de que entonces disfrutaba la lectura literal del Génesis del obispo James Usser. En 1654, éste había establecido, a costa de unos cálculos de una precisión pasmosa, que la Tierra había sido creada nada menos que el 26 de octubre del año 4004 antes de Cristo. A muchos naturalistas esta duración se les antojaba excesivamente corta para dar cuenta de la historia que los fósiles parecían sin embargo testimoniar. Al menos, el alcance del debate contribuyó a estimular la recogida y descripción de fósiles.

Con la publicación del *Discurso sobre las revoluciones producidas en la superficie del globo y los cambios que éstas han originado en el reino animal*, de Georges Cuvier (1769-1832), la cuestión de los fósiles adquiere definitivamente su significado moderno. Este texto constituía inicialmente el prefacio de una obra monumental titulada *Investigaciones sobre los restos óseos fósiles de los cuadrúpedos*. Su brillante exposición tuvo un éxito tal que seguidamente fue publicada por separado, traducida en toda Europa, y conoció además numerosas reediciones. Con este discurso y esa obra asistimos al advenimiento científico de la anatomía comparada, entre cuyas ramas figurará por un tiempo una nueva disciplina que, en 1832, H. de Blainville bautizará con el nombre de «paleontología». A partir de la obra de Cuvier se buscarán las relaciones existentes entre los restos fosilizados y los estratos de las rocas, estudio que recibiría el nombre de «estratigrafía» y cuyos inicios se remontan a la obra del danés Nicolas Sténon (1638-1687).

Durante mucho tiempo una versión partidista y deformante hasta la caricatura ha presentado a Cuvier como el representante de la Monarquía y de la Iglesia, pese a haber sido luterano. Frente a él se oponía la figura de J.-B. de Monet, caballero de Lamarck (1744-1829), que fuera colega y desafortunado rival suyo en el Museo de Historia Natural de París, el cual aparecería como el defensor de los ideales de la Revolución francesa. Según esta versión, Cuvier, mimado por todos los poderes públicos, habría triunfado sobre el segundo gracias a sus apoyos políticos (no en vano era barón de Empire). Frente al clamoroso éxito de Cuvier, la imagen conmovedora de los últimos días de Lamarck, ciego y pobre, que sólo conocería la gloria póstuma. En función de este planteamiento, la versión de Cuvier sería retrógrada —¿acaso sus «revoluciones» no se presentan como «catástrofes»?—, la de Lamarck progresista. Esta interpretación errónea resultaba especialmente tentadora teniendo en cuenta que Lamarck, en su *Filosofía zoológica* (1809), ofrecía una visión de las «transformaciones» de las especies como un «progreso» de la vida en su enfrentamiento con el medio físico. Las «adaptaciones» que éste imponía a los seres vivos, transmitidas en concepto de «experiencia» de generación en generación, presentaban a la vida como una fuerza siempre ascendente cuyo objetivo es la perfección.

La obra científica de Cuvier, que debe mucho al magisterio del alemán Fiedrich Blumenbach (1752-1840), profesor en Jena, se presenta en realidad bajo una luz muy distinta: su «catastrofismo» no es en modo alguno la expresión de un inquebrantable dogmatismo religioso, sino la conclusión extraída de observaciones minuciosas por un erudito que invoca el ejemplo de Newton. «No cabe duda de que los astrónomos han avanzado más rápido que los naturalistas, y el estado actual de nuestros conocimientos sobre la Tierra recuerda un poco a aquel en que los filósofos creían que el cielo estaba formado por piedras de sillería y que la luna tenía el tamaño del Peloponeso. Pero después de Anaxágoras llegaron los Copérnicos y los Keplers, que prepararon el camino para Newton. ¿Por qué no pensar que la historia natural tendrá algún día su propio Newton?». La palabra «revolución» pregona esta ambición suya: si el sistema cosmológico newtoniano elucida las revoluciones de los astros, Cuvier pretende aclarar en su obra las que se producen «en la superficie del globo». «Representante de una nueva raza de anticuarios, [Cuvier se enfrenta a] la doble tarea de restaurar [los] monumentos de las revoluciones pasadas y [...] descifrar su significado.» A esa tarea de «restauración» debe Cuvier su celebridad inmediata. Se basa en un método creado por él —el de la anatomía comparada— que consiste en considerar, como buen newtoniano, que «todo ser organizado forma un conjunto, un sistema único y cerrado, cuyas partes se corresponden mutuamente y convergen en una misma acción definitiva a través de una reacción recíproca. Ninguna de sus partes puede cambiar sin que las otras también cambien; y en consecuencia, cada una de ellas, tomada por separado, indica y representa a todas las otras». Si, por ejemplo, los intestinos de un animal están organizados de tal manera que sólo pueden digerir carne fresca, «es necesario que sus mandíbulas estén construidas para devorar una presa, sus garras para aferrarla y desgarrarla; sus dientes para cortarla y despedazarla; el conjunto de sus órganos locomotores para perseguirla y alcanzarla...».

A este principio de correlación que le permite formular las primeras «leyes generales» de la anatomía comparada, se añade un principio de conexión formulado por Étienne Geoffroy Saint-Hilaire en 1818 que permite reconocer un mismo órgano en especies diferentes, cualquiera que sea su forma y su función: un mismo órgano mantiene siempre una relación constante de posición con cualquier otro órgano dado.

Entre unas cosas y otras, el caso es que Cuvier se creó la sólida reputación de ser capaz de reconstruir un animal entero a partir de un único hueso.

Según Cuvier, si se relacionan los resultados de esta restauración con las observaciones geológicas, se constata una sucesión notable de mundos cerrados, completamente separados unos de otros por acontecimientos brutales y destructores, por «catástrofes». El trabajo de restauración impone a la mente la idea de revolución. A través de la noción de «revolución» Cuvier interpreta la vida de las noventa especies desconocidas que su trabajo de restaurador sacó a la luz: son especies que resultaron destruidas al producirse esos grandes cambios que califica de «espantosos», probablemente no sin cierta maliciosa alusión a la Revolución francesa. El Diluvio bíblico sólo figura en este cuadro como la última de las catástrofes en una larga serie de acontecimientos del mismo tipo o, según las propias palabras del autor, como «la última inundación universal», la única cuyo recuerdo ha conservado la tradición popular. Vestigios de esta inundación serían los cadáveres de los grandes cuadrúpedos atrapados en el hielo de los países del norte, conservados hasta nuestros días con su piel, su pelo y su carne. «Si su muerte y su congelación no hubiesen sido procesos simultáneos, la putrefacción habría descompuesto sus cuerpos. Por otra parte —sigue diciendo Cuvier—, esos hielos eternos que aprisionaron sus restos no ocupaban antaño los lugares donde les sorprendió, pues estos animales no hubieran podido vivir bajo tal temperatura. La muerte de estos animales y la glaciación del país que habitaban se produjo, por lo tanto, en el mismo momento.»

Cuvier distingue en consecuencia varias épocas sucesivas. Los terrenos más antiguos encierran animales invertebrados (moluscos, crustáceos) y peces. Por encima de ellos se encuentran los reptiles, los mamíferos, bajo sus formas marinas (cetáceos) y finalmente terrestres. En este punto coincide con las diferentes teorías sobre la Tierra que empezaron a florecer en las postrimerías del siglo XVII, desde la *Teoría sacra de la Tierra*, publicada en 1681 por Thomas Burnet, hasta la *Teoría de la Tierra* (1749) de Buffon, pasando por los *Ensayos sobre la historia natural de la Tierra* de John Woodward (1665-1728), aparecidos en Londres en 1702. Cuvier no se adhiere en absoluto a la empresa de Burnet, que creía confirmar el relato bíblico ayudado por los métodos y conceptos de las ciencias de la naturaleza. Por el contrario, atribuye «millares de siglos» al pasado de la Tierra, aunque no entra demasiado en detalles sobre este punto. Pero en contra de Lamarck, que rechazaba la idea de especie desaparecida, Cuvier niega en rotundo la tesis de una transformación de las especies, sin por otra parte tomarse la molestia en discutir los ejemplos de transformaciones que Lamarck había estudiado sobre conchas de invertebrados. Cuvier insiste en subrayar que en el registro fósil no aparece ninguna de las «formas intermedias» que demostrarían la evolución continua de la vida, tal como la describía Lamarck en su *Filosofía zoológica* (1809).

Los esfuerzos de los paleontólogos se dirigirán en lo sucesivo a precisar el contenido del mensaje de los fósiles. Por una ironía de la historia, las enseñanzas de la geología que tanto habían ayudado a Cuvier a deletrear las primeras palabras de este mensaje, contribuirán poco después a dificultar la comprensión de su contenido. La paradoja se repite si tenemos en cuenta que fue precisamente al establecer sus propias bases científicas cuando la geología llegó producir este efecto contrario.

Stephen Jay Gould ha descrito admirablemente este movimiento contrariado del pensamiento en su obra sobre *Las raíces del tiempo*. Recuerda que el geólogo inglés Charles Lyell (1797-1875), autor de los *Principios de geología* (1830), es el «gran protagonista» de esta historia por haber hecho prevalecer dos principios metodológicos esenciales. Según el primero, para comprender los fenómenos que se han desarrollado en el pasado conviene comparar las huellas que éstos han dejado con otros fenómenos actuales que podamos observar directamente. Este principio incluye la idea de la constancia o de la inmutabilidad en el espacio y en el tiempo de las leyes naturales. Más tarde quedaría resumido en la siguiente máxima, demasiado general, por otra parte, para no resultar equívoca: «el presente es la clave del pasado». William Whewell, en un artículo publicado en 1832, lo bautizó con un nombre que hizo fortuna y que al menos tiene el mérito de carecer de resonancias finalistas: «uniformitarismo». El segundo principio, frecuentemente calificado de «actualismo», ofrece una versión renovada del tradicional «principio de simplicidad»: no inventar causas superfluas donde los fenómenos observados hablan por sí mismos.

Pero aprovechando estos dos principios, y con la ayuda de artificios retóricos, Lyell deslizó de rondón esta otra tesis, muy diferente: que las causas que actuaron en el pasado nunca han dejado de ser operativas, y además con una intensidad creciente. De ello se desprende una concepción del cambio geológico como un proceso lento, regular y progresivo. En nombre de este «gradualismo», Lyell cubre de sarcasmos a Cuvier y a los catastrofistas. Al cabo de las once reediciones que alcanzó su obra durante más de cuarenta años, había conseguido imponer la idea, al menos en los países anglosajones, de que el gradualismo representa la única concepción científica de la historia de la Tierra, y que en el origen de cualquier noción de catástrofe debe buscarse la existencia de una creencia religiosa subyacente, abiertamente confesada o disimulada con mayor o menor fortuna.

Cuando en 1831 Charles Darwin (1809-1882) sube a bordo del *Beagle* para realizar el viaje que le llevará a las costas de América del Sur y a dar la vuelta al mundo, conoce ya perfectamente el libro de Lyell. Esta obra contribuyó de forma decisiva a orientar sus observaciones y, más adelante, las interpretaciones a las que éstas le conducirían. En muchos aspectos, el joven naturalista debe a Lyell la importancia decisiva que concede a la distribución geográfica de las especies y a su aislamiento: los *Principios de Geología* proponían en efecto que las distintas especies se habían desarrollado en áreas particulares, irradiando luego a partir de sus focos de origen. Lyell incorporaba esta idea del fundador de la «biogeografía histórica», el naturalista suizo Augustin Pyrame de Candolle (1778-1841). Sin embargo, como es sabido, la teoría darwiniana de la evolución —o, según la expresión que él prefería, de la «descendencia con modificación»— entra brutalmente en contradicción con la creencia de Lyell en el carácter inmutable de las especies. Los caracteres de cada especie, afirmaba Lyell en contra de Lamarck, vienen dados desde su origen de forma definitiva: «Las especies tienen una existencia real en la naturaleza, y cada una de ellas, en el momento de su creación, ha sido dotada de los atributos y de la organización por los cuales las distinguimos actualmente.» Darwin, que mantuvo siempre con él relaciones de amistad, se mostró muy decepcionado al verle reaccionar negativamente ante la publicación de su obra *Sobre el origen de las especies a través de la selección natural* (1859). En 1866 Lyell tuvo sin embargo que retractarse públicamente sobre este punto y adoptar un cierto evolucionismo.

Se ha querido ver en esta retractación un repliegue de posiciones, admitido a regañadientes, ante la evidencia de la teoría darwiniana. En realidad, Lyell tomaba nota de que los fósiles desmentían su teoría. En efecto, su concepción quedaba cuestionada por la ausencia de restos fósiles de mamíferos en el paleozoico, que los paleontólogos decididamente no conseguían descubrir en contra de lo que él esperaba. Si en 1830 era posible argüir un conocimiento aún rudimentario e incompleto de estos estratos, no podía decirse lo mismo treinta años más tarde. La paleontología de los vertebrados mostraba ya una progresión y una complejidad que en lo sucesivo serían innegables.

Pero, por muy espectacular que pueda parecer, este episodio de la vida intelectual de Charles Lyell no debe enmascarar el sesgo que el peso de su pensamiento imprimió sobre el propio Darwin y sobre sus sucesores. Aunque el uso de la fórmula latina «Natura non facit saltum» (la naturaleza no camina a saltos) en historia natural que recoge el autor de *El origen de las especies*, se remonta al botánico sueco Carl Lineo (1707-1778), resume muy bien la filosofía del geólogo inglés. Darwin nunca ocultó que debía a Lyell la noción de una evolución gradual generada por acumulación de pequeñas variaciones imperceptibles a lo largo de un tiempo muy extenso.

Darwin tropezaría, por tanto, con la misma dificultad que Cuvier ya había puesto de relieve al refutar la teoría de Lamarck: la ausencia en el registro fósil de «formas intermedias» susceptibles de aportar una prueba concluyente de este carácter gradual. Darwin reconoce sin ambages el problema e invoca, como hiciera Lyell, el carácter incompleto de los datos geológicos. La historia volvería a jugar una mala pasada a sus protagonistas: la oposición de Darwin al catastrofismo —cuyos argumentos, como acabamos de ver, proceden de Lyell— contribuyó a imponer la idea de que su pensamiento se ponía de parte de Lamarck. Incluso en la actualidad no es extraño leer interpretaciones que presentan a Lamarck como el «precursor» de Darwin, a pesar de la vigorosa demostración que Madeleine Barthélemy-Madaule expone en *Lamarck o el mito del precursor*. A esta confusión se debe que el darwinismo americano haya permanecido asociado al «lamarckianismo» durante más de un siglo, al igual que el soviético, dando lugar a uno de los equívocos más sorprendentes de la historia. Este *quid pro quo* podría hacernos sonreír actualmente, de no haber tenido consecuencias trágicas. Recuérdese, sin ir más lejos, el caso de Lyssenko [1]. Sin embargo, el gradualismo de Darwin procede de Lyell, un erudito que no había dejado de combatir a Lamarck, pese a que —como si no existiera ya suficiente confusión— el propio Lamarck fuese también «gradua-

[1] Biólogo soviético. Impulsó al máximo las ideas de Lamarck en la URSS durante la época de Stalin (que favoreció éstas por razones ideológicas) y fue, por tanto, el mayor responsable del atraso de la biología soviética en ese período *(N. del E.)*.

lista». De hecho, no debe olvidarse que Darwin declaró, no sin cierta irritación, que «jamás [había] tomado ni una palabra ni una idea de Lamarck».

El caso es que, a finales del siglo XIX, los paleontólogos se dedicaron con empeño a una activa búsqueda de «formas intermedias» o, como también se decía, de los «eslabones perdidos». Y los encontraron. Es el caso, particularmente, del arqueopteryx, un pequeño vertebrado descubierto en Alemania en 1861 que recordaba a un reptil pero cuyos huesos aparecían rodeados de huellas de plumas. En cualquier caso, la idea misma de «forma intermedia» se prestaba a confusiones, como Pascal Tassy demuestra magistralmente en las páginas que siguen. Por todas partes se buscaban esos seres «mitad-mitad». El gradualismo adoptado por Darwin, filosóficamente obsesionado por la idea del continuo, hacía que cada nuevo hallazgo reactivara la demanda de un nuevo eslabón. ¿Cómo salir de este círculo vicioso? Todavía hoy en día los creacionistas americanos no renuncian a explotar este callejón sin salida.

El lector va a descubrir cómo la rehabilitación de una cierta forma de discontinuidad en los trabajos de Gould y Elredge (1972), generalmente resumidos en el modelo denominado de los «equilibrios punctuados», ha permitido dar al mensaje de los fósiles un sentido que le libera de este último círculo vicioso sin cuestionar —lejos de ello— lo esencial de la teoría de la selección natural. Si los datos de la paleontología no confirman la síntesis «neodarwinista» elaborada durante los años treinta, sí contribuyen a la perspectiva general propuesta por *El origen de las especies* con «hechos» establecidos con ayuda de métodos de datación sofisticados: desde el descubrimiento del método del carbono 14, que posibilita dataciones de hasta 30.000 años de antigüedad, se han descubierto otros procedimientos, como los del potasio/argón, uranio/torio, etc., que permiten remontarse hasta edades mucho más antiguas.

Las lecciones filosóficas que se desprenden de las páginas ágiles y luminosas de este pequeño libro son de largo alcance. En efecto, nos enfrentan a una cuestión crucial: la contingencia de la historia de la vida. ¿Es capaz nuestra imaginación de concebir una historia en la cual lo sucedido —la sucesión de acontecimientos que nuestros recuerdos han construido— hubiera podido no suceder en realidad? La cuestión se vuelve más delicada en la parte que nos afecta a nosotros, seres humanos. El hombre es producto de una concurrencia de circunstancias cuya necesidad puede llegar a elucidarse, pero cuya irreductible contingencia no podemos dejar de reconocer: ¿somos capaces de soportar esta sencilla y dura idea? Durante mucho tiempo, el propio Darwin dudó ante una tesis tan humillante para el orgullo humano. Rechazaba situar al hombre en la cima de la escala de los seres vivos, como hacía Lamarck, o ver en él el fruto de una creación especial, como mantenía Cuvier. Su «materialismo», unido a su «continuismo», dejaba sin embargo una puerta abierta a alguna Providencia naturalizada que gobernara la sucesión de los azares... Más de un evolucionista se perdería más adelante por esta abertura.

Pascal Tassy empieza hablando del «poder exorbitante del paleontólogo», portavoz e intérprete del pasado; en sus últimas páginas sabe transmitir en vibrantes términos el placer del descubrimiento. Pero nos recuerda también que el paleontólogo está obligado a soportar esta carga: no desviar jamás su mirada, ni la nuestra, de la contingencia. El mensaje de los fósiles sitúa así al pensamiento contemporáneo en una situación de incomodidad mortificante; intolerable, en cualquier caso, para aquellos que buscan en la naturaleza un sentido absoluto al que confiar su existencia. Sin duda a ello se debe que la paleontología y los paleontólogos susciten hoy en día más vivas pasiones que nunca.

DOMINIQUE LECOURT

El tiempo geológico

Antigüedad en millones de años

Antigüedad	Eras	Períodos	Series	Pisos	Antigüedad
	Cuaternario	Holoceno	10.000 años		
1,65		Pleistoceno			1,65
	Terciario (=Cenozoico)	Neógeno	Plioceno	5,3	
			Mioceno	24	
		Paleógeno	Oligoceno	34	
			Eoceno	53	
65			Paleoceno		65
	Secundario (=Mesozoico)	Cretácico	Superior	Maastrichtiende	
				Campaniense	
				Santoniense	
				Coniaciense	
				Turoniense	
				Cenomaniense	96
135			Inferior		135
		Jurásico	Superior (=Malm)		
			Medio (=Dogger)		
205			Inferior (=Lias)		205
245		Triásico			245
295	Primario (=Paleozoico)	Pérmico			295
360		Carbonífero			360
410		Devónico			410
435		Silúrico			435
500		Ordovícico			500
540		Cámbrico			540
2500 (Precámbrico)	Proterózoico				2500 (Precámbrico)
4600 (Precámbrico)	Arcaico				4600 (Precámbrico)

Antiguedad de la Tierra

I. Dos siglos y tres mil millones de años

El paleóntologo tiene un poder exorbitante. Sus objetos de estudio, los fósiles, le permiten decir lo que ha sucedido en la superficie de la Tierra en el transcurso de los tiempos, cómo se ha desarrollado la vida, cómo se ha diversificado, qué seres han desaparecido sin dejar descendencia y cuáles se han transformado y han dado origen a los dos millones de especies vivas repertoriadas, a las que habría que añadir probablemente unos ocho millones más que aún quedan por describir.

La historia de la vida es la historia de decenas de millones de especies surgidas a lo largo de más de tres mil millones de años. Por ello el oficio de paleontólogo suscita sentimientos vivos y encontrados. El paleontólogo ejerce una extraña fascinación porque puede exponer una historia que afecte a nuestros fantasmas genealógicos. También resulta inquietante, o al menos ha llegado a inquietar vivamente, pues se pensaba que esta historia estaba ya escrita en libros de la más alta autoridad: la nueva interpretación que proponía, extraída de los archivos del planeta, sonaba blasfema.

El poder del paleontólogo guarda relación con su audacia: las reconstrucciones que realiza se basan tan sólo en restos, fragmentos, conchas, caparazones, huesos, dientes. ¿Qué son los fósiles, sino estos restos que el tiempo ha destruido y a la vez conservado? La tarea del paleontólogo consiste en descifrar, laboriosa, meticulosamente, estos vestigios del pasado. Es bien conocida la fórmula de Georges Cuvier (1769-1832), el fundador de la disciplina: a partir de un hueso —y quien dice un hueso dice un trozo de hueso— el anatomista reconstruye un animal entero.

Pese a que hace ya más de dos siglos que los paleontólogos vienen añadiendo día a día nuevas piezas al *puzzle* de la vida sobre la tierra, sus proezas siguen sorprendiendo todavía. Pero este asombro no está exento de cierta sospecha: ¿de dónde procede el conocimiento del paleontólogo? ¿Qué le legitima? ¿No dice más de lo que debería decir? ¿Se le debe creer cuando describe el ritmo de la evolución de los seres vivos a partir de un puñado de conchas? ¿Acaso los paleontólogos no se han contradicho en más de una ocasión? ¿Y no es cierto que en paleontología se suceden las teorías más diversas, por no decir opuestas? Sin embargo el interés prevalece siempre sobre la sospecha: ¿cómo ignorar esa sucesión de paisajes, de faunas y floras que se desplegaron sobre la tierra en el transcurso de decenas y decenas de millones de años? ¿Cómo permanecer insensible ante la descripción de las primeras formas de vida sobre nuestro planeta? ¿Cómo no interrogarse sobre el aspecto y la vida de nuestros antepasados, próximos y menos próximos?

El tiempo petrificado

El fósil es «el tiempo petrificado», según la bella metáfora de Georges Canguilhem. Ser el depositario del tiempo supone un raro privilegio. La dimensión cronológica del fósil le confiere un estatuto epistemológico particular. Objeto surgido del pasado, aprisionado en los estratos geológicos, el fósil es un testigo directo de la historia. Raros son los paleontólogos que, en el siglo XX, no han visto en los fósiles la prueba *real* de la evolución. Los creacionistas no se habían equivocado sobre este punto. Poco importaba que los descubrimientos de embriólogos y genetistas —la similitud entre las primeras fases embrionarias del hombre, de la vaca o del pez; el descubrimiento de la hélice del ADN; las mutaciones de las drosófilas, las moscas del vinagre— contribuyeran con sus propias pruebas al hecho de la evolución: eran los fósiles lo que había que desacreditar. En consecuencia, se airearon a los cuatro vientos los contados casos de falsificación que adornan tristemente la historia de la paleontología. Pero estas falsificaciones pueden contarse con los dedos de una mano: si se cita siempre al hombre de Piltdown es porque no hay mucho más que citar. El hombre de Piltdown fue construido en 1912 a partir de una bóveda craneal humana y una mandíbula de mono que una mano hábil y maliciosa, cuya identidad sigue siendo un misterio, había maquillado cuidadosamente para conferirle rasgos algo menos simiescos. La superchería revelaba una gran habilidad y no pocos conocimientos técnicos. El hecho de que los paleontólogos se dejaran tomar el pelo de esta manera empaña bastante, en efecto, el prestigio de la profesión (no todos cayeron en el engaño, pero esta precisión —que pocas veces se subraya— no puede servir de excusa).

Actualmente otro caso de mistificación puede suministrar materia para nuevos comentarios sarcásticos. Una gran cantidad de los trabajos existentes sobre las faunas fósiles del Himalaya merecen, pura y simplemente, ser relegados al más negro de los olvidos. Un geólogo indio pretendió durante mucho tiempo haber exhumado una serie de fósiles en varios emplazamientos que había descubierto durante sus expediciones. Todos los resultados fueron publicados en colaboración con especialistas internacionales. Ahora bien, resulta que tales fósiles, un ammonite por aquí, un pez por allá... ¡provenían de todas partes excepto del Himalaya! Fue un paleontólogo australiano quien descubrió la superchería. En este caso los fósiles no eran falsos, lo que era falsa era su naturaleza de fósiles del Himalaya. Sin embargo, tales mistificaciones siguen siendo escasísimas. Sencillamente porque no tiene mucho interés fabricar un falso erizo marino fósil, por ejemplo, incluso si con ello se consiguiera cambiar una hipótesis evolutiva: el hecho afectaría a un reducido círculo de personas y su repercusión en los medios de comunicación sería nulo. Para impresionar al gran público hacen falta fósiles espectaculares, que hablen a la imaginación: aquí la tarea de falsificación sería mucho más delicada, casi imposible.

En el siglo XIX, el mensaje de los fósiles provocó divisiones entre los primeros paleontólogos. No todos consideraron que los fósiles fueran la prueba de la evolución. Desde los orígenes de la ciencia paleontológica, el fósil, testigo de la historia de la tierra, fue utilizado para explicar historias diferentes. Historias en las que podía suceder que la evolución no ocupara ningún lugar. Historias incluso donde, por el contrario, el fósil intervenía para demostrar la inanidad de la teoría transformista. El fósil tiene, por tanto, un estatuto epistemológico ambiguo: es portador de historia, pero sólo el paleontólogo explica esta historia, arriesgándose a interpretarla con su cultura, sus preocupaciones religiosas, sus *a priori*, sus métodos analíticos, sus modelos.

Es sabido que Leonardo da Vinci (1452-1519) y Bernard Palissy (1510-1589 ó 1590) reconocieron la antigüedad de las conchas y otros restos fósiles que entonces se conocían como «glosopetras». En 1715, René-Antoine Réaumur (1683-1757) relata en una célebre memoria que desde el siglo XVII una pequeña industria local extraía «turquesas» de los terrenos arcilloarenosos del Gers, en la Gascuña francesa. En estos terrenos se encontraban ciertas piedras, frecuentemente azuladas o amarillentas, que se calentaban al horno para que adquirieran el color azul verdoso de la turquesa. La forma de estas piedras recordaba a huesos o dientes. Réaumur afirmó que «las materias que proporcionan nuestras turquesas son huesos petrificados» y que algunas «son visiblemente dientes, como los glosopetras». Los dibujos que realizó de algunas de estas «turquesas» permiten identificarlas sin esfuerzo: se trata, efectivamente, de dientes y de restos de huesos de mamíferos terciarios.

Pero un célebre contemporáneo de Réaumur, que no es otro que Voltaire (1694-1778), había ironizado sobre los supuestos fósiles localizados en los Alpes, unas conchas marinas que para algunos eran testigos de mundos desaparecidos. La explicación era mucho más simple, de creer al malicioso filósofo: las habían olvidado allí los peregrinos que se dirigían hacia Santiago de Compostela. Efectivamente, la idea de que las montañas son acumulaciones formadas en gran parte por sedimentos depositados por el mar repugnaba al sentido común.

En vísperas de la Revolución francesa, Georges Louis Leclerc, conde de Buffon (1707-1788), que ya consideraba que el tiempo real de la Creación sobrepasaba ampliamente el del relato del Génesis, había admitido que una serie de restos fósiles recogidos en América del Norte y en Rusia —gruesos molares y osamentas del tamaño de las de los elefantes—, pertenecían a especies desaparecidas. En 1778 publicó el dibujo de uno de estos molares descubierto en Rusia («la pequeña Tartaria»), que varios decenios más tarde se identificó como perteneciente al llamado *Mastodon borsoni*, un primo lejano de los elefantes.

¿Podrían contemplarse estos fósiles como testigos *del* Diluvio? Ésta era la opinión que compartían numerosos naturalistas. A ella se adhirió Cuvier, aunque con algunas modificaciones. Es sabido que el fundador de la paleontología de los vertebrados en Francia fue un adversario tenaz de las ideas evolucionistas que, por la misma época, defendía Jean-Baptiste de Monet, caballero de Lamarck (1744-1829). Lamarck, que ha pasado a la historia como el artífice del «transformismo» —aunque él nunca llegó a utilizar este término, forjado posteriormente—, puede ser también considerado como el fundador de la paleontología de los invertebrados. De 1802 a 1806 publicó una serie de monografías sobre los invertebrados fósiles de la cuenca parisina, que fueron consideradas obras de referencia durante mucho tiempo. A través de un enfoque analítico de la diversidad formal llegó a la conclusión de la continuidad de las especies a lo largo del tiempo. Por el contrario, Cuvier adelantó el concepto de «especies perdidas», que negaba la idea de continuidad. Los estudios que Cuvier realizó sobre los vertebrados fósiles, a los que se entregó con pasión, revelan su gran sutileza como anatomista capaz de captar todo aquello que diferenciaba entre sí las distintas especies analizadas. Estos análisis le llevaron a formular la teoría de las «revoluciones en la superficie del globo»: el catastrofismo. Según Cuvier, los seres vivos que poblaron la Tierra habían sido destruidos a intervalos repetidos por una serie cataclismos que afectaron al planeta. Cada vez que uno de estos desastres borraba la vida de la superficie del globo, la Creación reemprendía su obra interrumpida, mejorando sus productos en caso necesario. Es cierto que la morfología de las conchas estudiadas por Lamarck no era muy diferente de la de las conchas actuales, mientras que las anatomías que analizó Cuvier carecían en cambio de equivalente en nuestros días. Ninguno de los vertebrados fósiles que describía podría pasar por antepasado directo de especies actuales. Y sin embargo, el «plan de organización» de los mamíferos fósiles era claramente el mismo que el de los mamíferos vivos. Pero, en opinión de Cuvier, la relación entre las especies fósiles y las actuales no iba más allá de estas similitudes anatómicas generales.

La organización del perezoso gigante sudamericano, el megaterio descrito por Cuvier, era sin lugar a dudas la de un mamífero. Recordaba al perezoso actual, un pequeño animal arborícola de pequeño tamaño. Pero, en función de numerosos caracteres, el megaterio no podía ser su antepasado directo. El paleoterio encontrado en los yesos de Montmartre presentaba numerosas afinidades con los mamíferos ungulados herbívoros actuales, especialmente con los caballos y los tapires. Pero ninguna especie actualmente existente se aproximaba de cerca al paleoterio. Cuvier, por lo tanto, veía en estos vertebrados fósiles los argumentos decisivos contra la noción de evolución.

Tanto para Lamarck como para Cuvier, y más tarde para Charles Darwin (1809-1882), la idea de evolución se hallaba asociada a la de la transformación de las especies. Sólo la existencia de un vínculo entre una especie fósil y una especie actual podía concretar la noción de evolución: si se demostraba tal vínculo, la teoría de la evolución quedaría probada. En cierto modo, Cuvier no estaba totalmente equivocado cuando su análisis de los fósiles le llevó a la conclusión de que tal vínculo no existía. Sin duda le habría bastado con sustituir la noción de ascendencia directa por la de parentesco común para ver las cosas desde otra perspectiva muy diferente. Pero la noción de parentesco común entre un fósil y un ser actual (lo que se denomina «un actual») reclama la existencia de una entidad suplementaria: otro fósil, el verdadero antepasado común, que no se tiene ante los ojos. Esta entidad aparece entonces como una hipótesis y no como un hecho de observación. Ahora bien, ¡Cuvier sólo quería remitirse a los hechos observables! Se dirá que su actitud obedece a una debilidad epistemológica, a un «empirismo estrecho», pero éste fue el precio de su talento de anatomista sin par. Cuvier se había precipitado al considerar que los caracteres singulares que había observado en los fósiles borraban el «hecho» de la evolución.

Sin embargo, a medida que se acumulaban las descripciones de especies fósiles, particularmente de invertebrados, las conexiones entre fósiles, por una parte, y entre fósiles y actuales, por otra, se hacían cada vez más estrechas. Los cataclismos sucesivos a los que se recurría para explicar la avalancha de nuevas especies descubiertas amenazaban con convertirse en un movimiento perpetuo. El catastrofismo perdió poco a poco todo crédito, aunque algunos paleontólogos cuvieristas se encargaron mal que bien de mantener la tradición. Alcide d'Orbigny (1802-1857), que algunos presentan como el fundador de la bioestratigrafía (el estudio de la sucesión de las faunas en las capas geológicas), llegó a enumerar hasta veintiocho Creaciones sucesivas. Tan perseverante producción de nuevas faunas a veces próximas, sólo diferenciadas entre sí por tímidas transformaciones, demostraba —hay que reconocerlo— una encomiable obstinación por parte del Creador.

Por el contrario, las ideas que caracterizaban el evolucionismo de Lamarck, la continuidad de la vida y el poder «creador» del tiempo, fueron convenciendo poco a poco a los naturalistas. Uno de ellos, Frédéric Gérard, olvidado divulgador de las ideas lamarckianas, llegó incluso a concebir en 1845 la expresión «teoría de la evolución de los seres organizados» en su sentido moderno. Pese a que Gérard fue el redactor jefe del *Diccionario Universal de Historia Natural*, dirigido por el geólogo Charles d'Orbigny (1806-1876) —hermano de Alcide—, la historia no ha retenido su nombre. Se desconocen incluso las fechas de su nacimiento y muerte, como observa el historiador de las ciencias Goulven Laurent. Uno de los continuadores de la obra lamarckiana, el anatomista Étienne Geoffroy Saint-Hilaire (1772-1844), presenta una interpretación de los vertebrados fósiles distinta a la que defendía Cuvier. En 1831, al final de su estudio sobre unos cocodrilos fósiles del jurásico descubiertos en Normandía, concluía que existía una relación de continuidad con transformación entre las especies fósiles y las actuales: «Los animales actualmente vivos proceden [...] de los animales del mundo antediluviano», escribió sin la menor ambigüedad. Al afirmarlo, aplicaba una especie de programa de investigaciones que ya enunciara en 1807: correspondía a los evolucionistas «demostrar cómo [las especies actuales] podrían pertenecer, por una especie de filiación, a las mismas especies de los primeros habitantes de la tierra cuya existencia conocemos a través de sus restos en estado fósil».

Como es sabido, es a partir de la aparición en 1859 de *El origen de las especies* de Darwin cuando comienza a imponerse la teoría de la evolución. La teoría de Darwin se distinguía de la de Lamarck no por la idea de la realidad de la evolución, ya perfectamente dominada en Lamarck, sino sobre todo porque concebía una historia única y proponía un mecanismo que explicaba esta evolución: la selección natural de las variaciones. Pero aquí sólo nos interesa hablar del lugar que ocupan los fósiles en esta teoría. Darwin se muestra claramente molesto por la ambivalencia del fósil, utilizado unas veces como prueba de la evolución y otras veces para demostrar lo contrario. No resulta ocioso recordar que el propio Lamarck, en su *Filosofía zoológica* de 1809 —la primera obra que expone una doctrina sobre la evolución—, nunca recurre a los fósiles para sustentar su argumentación. Puede intentarse una explicación de esta paradoja, que se repite en Darwin, invocando una vez más la multiplicidad de las formas vivas, o dicho de otra manera, en términos más eruditos, la diversidad taxonómica. Pese a que el volumen de la documentación fósil iba aumentando año tras año, todavía dejaba entrever enormes lagunas.

Estas lagunas resultan fácilmente explicables si se piensa en el tiempo geológico: ¡más de tres mil millones de años de evolución biológica! ¿Cómo exigir que la continuidad de un fenómeno como éste, en su totalidad, nos resulte perceptible? Añadamos que la fosilización es un fenómeno aleatorio: la conservación de los restos de los seres vivos —incluso sus partes duras— es una excepción. Los depósitos marinos, lacustres o fluviales que proporcionan fósiles sólo los conservan raramente. Corrupción, alteración, erosión, pulverización, disolución química resultan ser la regla general. La historia geológica complica aún más la tarea. Los sedimentos antiguos son accesibles a través de afloramientos casuales, es decir, dependen del capricho de los movimientos tectónicos y sedimentarios que afectaron al planeta. Los yacimientos fosilíferos son por tanto el resultado de una concurrencia de circunstancias geológicas, por lo que el descubrimiento de un yacimiento perteneciente a un período geológico poco documentado puede desvelar faunas que parecen totalmente nuevas, secciones de diversidad que irrumpen literalmente en el registro fósil.

A los ojos de Darwin, los fósiles no ofrecían una

imagen detallada de esta evolución progresiva, gradual, que concordaría con su concepción personal del proceso. Por ello se mostró más inclinado a insistir sobre las lagunas de la fosilización que sobre la información que ésta aportaba. Pero estas lagunas no contradecían en nada la teoría de la evolución. Según Darwin, los fósiles apoyaban su teoría al ilustrar, a gran escala, la transformación progresiva del mundo vivo. Pero no proporcionaban todos los elementos necesarios para la comprensión de los mecanismos que debían intervenir en la génesis de las especies. Con el darwinismo, la ambigüedad del mensaje de los fósiles llegó a su fin. Recurrir a creaciones repetidas para cada una de las especies que iban exhumando los paleontólogos resultaba, en efecto, literalmente absurdo. Aunque la información que transmitían los fósiles no permitía responder a todos los interrogantes sobre los mecanismos del origen de las especies, los fósiles —en cuanto «instantáneas» tomadas de ese tiempo vertiginoso que es el tiempo geológico— se convirtieron en uno de los puntos de anclaje de la teoría de la evolución.

Los biólogos que aseguraron el triunfo de las ideas darwinianas, como Ernst Haeckel (1834-1919), vieron en los fósiles una de las fuentes de la ciencia evolucionista. Ésta se apoyaba sobre la anatomía comparada, la ontogenia (el estudio del desarrollo) y la paleontología (el estudio de los fósiles), las tres disciplinas capitales de la sistemática, ciencia que se ocupa de la diversidad de los seres vivos en el tiempo y en el espacio. La genética se sumaría más tarde a este panorama, y su llegada marcaría el fin del armonioso igualitarismo entre las ciencias de la evolución.

Un esquema antiquísimo

El fósil se convirtió de esta manera en una de las pruebas capitales de la evolución. En 1866 el paleontólogo francés Albert Gaudry (1827-1908), destacado descubridor de vertebrados fósiles en suelo griego, elaboró la primera genealogía que asociaba especies actuales con especies fósiles en su marco estratigráfico.

Actualmente resulta fácil exponer las grandes líneas de la evolución de la vida basándose exclusivamente en documentos fósiles. Pese a su carácter aleatorio, la fosilización demuestra ser lo suficientemente frecuente para restituir una historia coherente del proceso. La progresión de la vida puede verse como la diversificación y la creciente complejidad de los seres vivos debidas a la transmisión hereditaria, durante millones y millones de años, de diversas transformaciones. Por mi parte, no veo este despliegue evolutivo como un progreso, si por progreso se entiende la sustitución de los seres primitivos por los seres evolucionados. Tal concepción de los encadenamientos evolutivos —tan extendida por otra parte—, revela antropocentrismo. Numerosos seres vivos que, medidos por el rasero del *Homo sapiens*, son tachados de primitivos, nunca fueron reemplazados por seres más evolucionados.

La misma noción de especie evolucionada es completamente relativa, y no responde de hecho a ningún criterio general. ¿Puede afirmarse que el diplodocus estaba menos evolucionado que el lagarto sólo porque ha desaparecido? Un murciélago, que ha desarrollado un sistema de radar para poder desplazarse y cazar, ¿está menos evolucionado que el australopiteco, que caminaba erguido sobre sus piernas? Y sin ir más lejos tenemos el caso de las bacterias, que no han cesado de diversificarse desde el origen mismo de la vida hasta tal punto que actualmente no sabemos cómo deshacernos de ellas: ¿no representan acaso un éxito evolutivo clamoroso? Todavía existen en la actualidad muchos de los linajes evolutivos que se individualizaron hace millones de años. Todas las especies actuales testimonian las sucesivas ramificaciones que han ido brotando del árbol evolutivo en el transcurso de los tiempos. Los fósiles, por su parte, concretan esta historia y a la vez nos permiten conocer ramas totalmente extintas en la actualidad.

Los fósiles se prestan además a otros muchos experimentos. No basta con observar, analizar y clasificar sus formas. Las osamentas fosilizadas conservan en ocasiones proteínas que, pese a contar con una antigüedad de decenas de millones de años, todavía pueden producir reacciones inmunológicas. Por medio de estas reacciones es posible comparar especies fósiles con especies actuales. Por ejemplo, el colágeno de los huesos fósiles conserva un buen número de sus propiedades. Una de ellas es la de reflejar, a través del examen de los isótopos (es decir, de elementos químicos que sólo se diferencian unos de otros por su masa atómica) del carbono y del nitrógeno, el régimen alimenticio del animal en cuestión. A través de estos mismos datos puede deducirse el modo de vida de los animales desaparecidos: si eran carnívoros o herbívoros, e incluso puede distinguirse a los pacedores de hierba de los que se alimentaban de hojas. Con esta base es posible reconstruir el paleoentorno de estos fósiles. En el mismo orden de ideas, el análisis de los isótopos del oxígeno en las conchas de los foraminíferos fósiles —que son unos animales unicelulares marinos—, permite la reconstrucción de los paleoclimas. Los isótopos del oxígeno difieren según que el agua sea caliente o fría, o incluso también según se trate de nieve o hielo. Como las conchas reflejan las variaciones isotópicas del agua del mar, se ha podido establecer una escala precisa de las variaciones paleoclimáticas a lo largo de los tiempos. También es posible actualmente analizar la microestructura de los fósiles y comprender los fenómenos de las mineralizaciones biológicas. Por otra parte, las rayaduras y otras formas de abrasión producidas en el esmalte dental de los mamíferos fósiles, se pueden estudiar con el microscopio electrónico mediante el sistema de barrido y deducir así el régimen alimenticio de sus portadores. Se analizan igualmente las marcas dejadas sobre ciertos huesos por factores patológicos, lo que permite volver a trazar la historia individual del ser vivo al que pertenecían los restos y, en ocasiones, identificar enfermedades genéticas.

Pero para cualquier ciudadano de a pie el aspecto más fascinante de los fósiles es haber contribuido a establecer la historia de la vida sobre la tierra. Esta historia se lee como una novela, pero está lejos de serlo. No se trata de una ficción. Los fósiles permiten situar con precisión los grandes acontecimientos evolutivos. Proporcionan siempre una fecha mínima: los primeros fósiles conocidos pertenecientes a un grupo dado no son necesariamente sus representantes más antiguos, y resulta bastante frecuente que hallazgos paleontológicos posteriores obliguen a revisar la fecha de aparición de los grupos.

Las rocas sedimentarias más antiguas conocidas (formadas hace unos 3.700 millones de años, en Groenlandia) parecen haber conservado ya los primeros vestigios de vida. Las primeras construcciones originadas por la actividad de seres vivos son poco más recientes (3.500 millones de años). Se trata de los estromatolitos, descubiertos en África austral (Swazilandia, Zambia): apilamientos de caliza producidos por la acción de microorganismos unicelulares sin núcleo (bacterias y cianofíceas, llamadas algas azules). En la actualidad todavía es posible observar estructuras semejantes en formación en los mares cálidos de las Bahamas y de Australia. En cuanto a la primera bacteria conocida, descubierta en el precámbrico de África austral (Zimbawe), posee una antigüedad de 3.200 millones de años.

La fecha de los primeros organismos dotados de clorofila suele fijarse en torno a los 2.000 millones de años de antigüedad. Tuvieron un papel fundamental en la historia del globo terrestre: por medio de la fotosíntesis, estos organismos generaban oxígeno que luego liberaban a la atmósfera y en las aguas de los océanos, favoreciendo así las condiciones para la vida. Muy pronto —si así puede decirse—, hace 1.500 millones de años, aparecieron las primeras células con núcleo, las «eucariotas». Durante el precámbrico superior, éstas se diversificaron en seres pluricelurares, como testimonia especialmente el famoso yacimiento de Ediacara, en Australia (670 millones de años de antigüedad), pero también otros en Europa o en América del Norte. Se descubren entonces los primeros vestigios de medusas y corales blandos (animales pertenecientes al grupo de los celentéreos), de gusanos, tal vez de artrópodos sin esqueleto, así como una serie de grupos de afinidades inciertas: linajes evolutivos sin descendencia, todos ellos animales de cuerpo blando. En cualquier caso, algunas de estas huellas podrían ser meros velos bacterianos, depositados sobre el légamo y posteriormente deformados.

A partir del cámbrico, 100 millones de años más tarde, se constata la presencia de los primeros restos de animales dotados de partes duras, es decir, de esqueleto externo: caparazón, concha, etc. Éste es el tipo de fauna representada en los esquistos de Burgess, en América del Norte, que recientemente se ha descubierto también en China. Está formada fundamentalmente por esponjas, algas, braquiópodos y numerosos artrópodos, especialmente bien representados por el grupo fósil de los trilobites (así llamados porque su cuerpo está subdividido longitudinalmente en tres lóbulos o partes). Se observa también la presencia de un artrópodo de cuerpo blando, *Naraoia*, especialmente interesante: se halla indudablemente emparentado con los trilobites, pero presenta a la vez dispositivos anatómicos muy particulares que testimonian la existencia de una etapa más antigua cuya huella todavía no hemos encontrado. La fauna de Burgess contiene igualmente equinodermos (grupo taxonómico al que pertenecen las estrellas de mar, las holoturias o pepinos de mar, y los erizos de mar) y diferentes grupos de gusanos. Lo más significativo del yacimiento de Burgess es que cerca de una veintena de las especies descubiertas no pueden encuadrarse en ninguna de las categorías taxonómicas actualmente reconocidas: se corresponden con otros tantos linajes evolutivos ya diferenciados que se extinguirían a continuación, testigos excepcionales de una diversificación cuyas primeras etapas todavía desconocemos. En último lugar, el *Pikaia*, pequeño animal vermiforme, se halla probablemente emparentado con los cordados (animales dotados de notocordio), es decir, con la gran categoría sistemática que incluye a los vertebrados. En su conjunto, la fauna de Burgess testimonia la primera gran explosión taxonómica que registran los archivos fósiles, acaecida hace 600 millones de años.

Los primeros vestigios de esqueleto interno —restos pertenecientes a vertebrados— tienen una antigüedad de 500 millones de años; todos ellos proceden de medios marinos.

Del ordovícico (hace unos 450 millones de años) datan los primeros esqueletos completos pertenecientes a animales vertebrados que se han descubierto (*Sacabambaspis janvieri*, de Bolivia). Se trata de animales acuáticos desprovistos de aletas pares, que vivían en medio marino. Unas esporas fósiles indican que, por la misma época, los musgos ya habían conquistado tierra firme.

En el devónico (de 410 a 360 millones de años de antigüedad), se asiste a la explosión de los vertebrados acuáticos en los medios litorales y fluviales de los continentes septentrionales, que entonces se encontraban unidos. En la misma época se diversifican los insectos terrestres y los vegetales vasculares, apareciendo los primeros helechos. En el devónico superior, imitando a los insectos colémbolos, a las arañas y a los ciempiés, los vertebrados salen de las aguas y empiezan a conquistar los continentes. El anfibio *Ichthyostega*, descubierto en Groenlandia, es uno de los más antiguos tetrápodos conocidos, aunque también se han exhumado restos de otras especies en Rusia y en Australia. Los «helechos con semilla» aparecen en esta época y darán lugar a todas las plantas con semilla conocidas actualmente.

En el carbonífero, hace 300 millones de años, se extendían inmensos bosques de helechos arborescentes y de criptógamas gigantescas. En los aires zumbaban libélulas de unos setenta y cinco centímetros de envergadura. Por el suelo se arrastraban inmensos ciempiés que podían alcanzar hasta tres metros de largo. Los anfibios poblaban ríos, lagos y pantanos. Otros tetrápodos, a primera vista poco diferentes de los anfibios, estaban llamados a conocer un destino privilegiado. Los huevos de estos animales —los primeros amniotas— contaban con una membrana que protegía al embrión de la desecación y un líquido interno que garantizaba su desarrollo. La reproducción de estos nuevos tetrápodos ya no depende exclusivamente del medio acuático. Los huevos fosilizados que han podido encontrarse son bastante más tardíos, pero los amniotas carboníferos podían distinguirse de sus contemporáneos anfibios por ciertas características óseas. Durante el carbonífero se diversificaron muy pronto los grandes grupos de amniotas: el linaje evolutivo que conduciría a los mamíferos está representado por los llamados «pelicosaurios», unos animales cuyo único rasgo mamiferoide es la morfología de sus fosas temporales. La rama que lleva hasta los lagartos, los cocodrilos y las aves actuales puede identificarse también poco después en el *Petrolacosaurus* de América del Norte.

Al igual que los primeros dípteros (moscas y mosquitos), los primeros mamíferos *stricto sensu* aparecieron hace 200 millones de años. Eran animales pequeños, parecidos a las musarañas, que no presentaban ninguno de los caracteres distintivos que definen a los diferentes grandes grupos de mamíferos existentes en la actualidad. Los primeros mamíferos vivíparos, emparentados con los marsupiales y con los placentarios actuales, tienen 110 millones de años de antigüedad.

El primer representante conocido de la clase de las aves tiene, por su parte, 140 millones de años de antigüedad: es el *Archaeopteryx* del jurásico superior de Alemania, un animal dotado de plumas, pero también de garras y dientes. Al arqueopterix, única ave jurásica conocida, han venido a sumarse dos fósiles descubiertos recientemente, uno en España y el otro en China. Pertenecen ya al cretácico inferior (entre 10 y 20 millones de años de antigüedad) y están algo más evolucionados. En esta época ya vivían los himenópteros (abejas y avispas), los coleópteros (escarabajos) y —a partir del cretácico inferior— los lepidópteros (mariposas).

Hace 80 millones de años, durante el cretácico superior, se produce la diversificación de las primeras plantas con flores y frutos. Los paisajes empiezan a parecerse cada vez más a los que conocemos actualmente, a excepción de aquellos que ha modelado la actividad humana. La primera señal de esta actividad se detecta a través de las primeras herramientas manufacturadas, probablemente ligadas ya al pensamiento reflexivo. Las más antiguas, con una antigüedad de 2,7 millones de años, se descubrieron en Etiopía. Las primeras sepulturas conocidas poseen 100.000 años de antigüedad y las primeras manifestaciones artísticas, ilustradas por el arte rupestre de la gruta de Lascaux, se remontan a los 20.000 años.

Este esquema no tiene nada de conjetural. Presenta el estado actual de los conocimientos y de las coordenadas que se poseen sobre la historia de la vida. Desde sus inicios, uno de los primeros objetivos de la paleontología había sido la elaboración de una escala cronológica de los tiempos geológicos. Esta escala, fundada sobre las sucesiones de los fósiles y su evolución, sobre las estimaciones de las tasas de sedimentación, mostró pronto que la duración que el Génesis asignaba a la Creación era extremadamente insuficiente para explicar la historia de la vida. Esta escala ha sufrido después una serie de reajustes, que son correcciones y precisiones, nunca cambios radicales. Años después, las dataciones radiométricas llamadas absolutas, fundadas sobre la medición de la radiactividad natural de las rocas, han venido a confirmar y a precisar las dataciones llamadas relativas de los estratígrafos, basadas a su vez en la sucesión de las capas geológicas. A veces ciertas contaminaciones naturales o debidas a manipulaciones pueden confundir los resultados de la lectura radiométrica (carbono 14, potasio-argón), pero por regla general las dataciones absolutas, independientes de cualquier conjetura sobre las velocidades de evolución o de sedimentación, han confirmado sin la menor duda posible la antigüedad de la vida sobre la tierra y la fecha de las grandes fases de la evolución orgánica.

La historia que acaba de ser contada a grandes rasgos aparece jalonada de fósiles. Algunos se han exhumado muy recientemente, muchos quedan todavía por descubrir. Los fósiles descubiertos no sólo nos informan sobre la evolución en su dimensión temporal, vertical, sino que también nos indican las relaciones horizontales del proceso evolutivo: la distribución geográfica de las especies. Los fósiles de los vertebrados terrestres, pero también los de las plantas de escaso poder de dispersión, aportan informaciones sobre las relaciones de los propios continentes. Cuando el meteorólogo Alfred Wegener (1880-1930) concibió la teoría de la deriva de los continentes, contaba, entre otros argumentos, con el de la distribución de los fósiles.

Algunos ejemplos adquirieron una dimensión casi mítica en la historia de la paleontología y de la biogeografía, como el del *Mesosaurus*, pequeño amniota de agua dulce del pérmico (paleozoico superior) del que sólo se conocen restos en África austral y en América del Sur. Se interpretó que la distribución austral de una serie de animales a todas luces incapaces de migraciones transoceánicas, indicaba que había existido una provincia geográfica común a los dos continentes, ahora separados por el Atlántico. Nuevos descubrimientos de fósiles fechados entre el pérmico y el terciario inferior han apoyado la teoría de Wegener. Éste suponía la existencia de una gran masa continental única, el Pangea, que se habría fragmentado en dos grandes bloques, Laurasia (de *Laurentia*, América del Norte, y *Asia*), al norte, y Gondwana, al sur, el cual se habría subdividido a su vez en América del Sur y África al surgir el océano Atlántico.

El descubrimiento a finales de los años sesenta de vertebrados terrestres en el continente antártico tuvo grandes repercusiones. Se trataba de animales de finales del pérmico (hace 250 millones de años), unos «reptiles mamiferoides» conocidos en África, en la India y en América del Sur, que pertenecían por tanto al Gondwana. En 1991 la descripción de un dinosaurio descubierto en el Antártico, realizada por el paleontólogo británico J.-J Hooker y sus colaboradores, confirma, una vez más, la existencia de este continente y las conexiones antiguas entre el Antártico y América del Sur. Entre uno y otro descubrimiento, los datos de la geofísica habían resucitado la teoría de Wegener. Los argumentos indirectos que apoyaban esta teoría son ahora directos: actualmente se mide la velocidad de separación de Europa y de América del Norte por medio de satélites y de estaciones orbitales. La documentación fósil se había anticipado a estos resultados demostrando que los continentes no habían estado siempre en su posición actual, a pesar de que tanto paleontólogos como geólogos desconfiaran durante mucho tiempo de que ésta fuera la interpretación correcta.

II. Los fósiles y la evolución

Si consideramos el esquema evolutivo propuesto en el capítulo precedente, podría pensarse que la historia de los seres vivos se lee directamente sobre las piedras. Nada más lejos de la verdad. Para descifrar la evolución, es preciso examinar los fósiles a través de una clave teórica que permita interpretar su mensaje. Pero, desde siempre, los propios paleontólogos han dejado creer de buena gana que sus análisis no eran fruto de la especulación, sino la restitución objetiva de la realidad pasada. Es evidente que el estatuto ambiguo de los fósiles está en el origen de esta creencia.

Hechos y teorías

Los evolucionistas postdarwinianos han considerado siempre los fósiles como las pruebas tangibles de la evolución. Es cierto que para *ver* de qué estaban hechos nuestros antepasados y los de cualquier especie actualmente existente basta con examinar los fósiles. El fósil es un «hecho» sencillamente porque es un objeto, un objeto observable, tangible, cuya realidad nadie puede poner en duda. Ahora bien, como se ha visto en el capítulo anterior, este objeto presenta una dimensión que le determina por completo: la dimensión del tiempo, que confiere al fósil su estatuto particular. Cuando se contempla un fósil, más que el fragmento, la concha, el hueso, los restos de un ser desaparecido, lo que se está contemplando es un fragmento de historia.

Los fósiles, sobre todo, demuestran fuera de toda duda que en el transcurso de más de tres mil millones de años se ha desarrollado una historia única de los seres vivos. Pero la gran cuestión sigue aún en pie: ¿cuál es esta historia? El árbol genealógico ofrece la respuesta: sus ramas explican esta historia. Pero puede suceder que, a partir de los mismos objetos, de los mismos fósiles, dos paleontólogos igualmente competentes tracen dos árboles genealógicos diferentes y cuenten dos historias distintas. Pueden leerse evoluciones incompatibles en manuales pedagógicos, se producen enfrentamientos entre escuelas: lo que es verdad en Estocolmo y París, es error en Londres y Chicago. Este dualismo es insoportable: no puede haber más que una historia de los seres vivos. El fósil es un hecho, evidentemente, pero desde el momento en que es interpretado adquiere carga teórica y se convierte entonces en un objeto científico, y por tanto conjetural y sujeto a controversias.

Una lectura atenta de la literatura paleontológica muestra una multitud de añadidos, de retoques, de arreglos, pero también de transformaciones radicales en la interpretación de los hechos. Todos estos cambios que se han ido introduciendo a lo largo de decenios se deben, en primer lugar, a los descubrimientos de nuevos fósiles. Cada fósil nuevo aclara un poco más de historia y, al hacerlo, altera también algo la historia anteriormente reconstruida. La evolución es contingente y cada descubrimiento supone una fuente potencial de rectificaciones. Sobre todo, las hipótesis relativas a los vínculos genealógicos contribuyen a modificar, a veces de manera brutal, los esquemas históricos reconocidos hasta entonces. Éste es precisamente el objetivo de la investigación filogenética (de *phylum*, linaje: la investigación sobre la aparición, o génesis de los linajes evolutivos): deducir hipótesis sobre los parentescos entre los linajes fósiles y, consecuentemente, actuales. La identificación del objeto de investigación no plantea desacuerdos. De no ser así la literatura paleontológica sería pura cacofonía y la paleontología, como ciencia, sencillamente no existiría. Pero cuando entran en juego las hipótesis concernientes a los vínculos evolutivos entre fósiles, resulta ya más difícil llegar a un consenso de opiniones. De inferencias contradictorias sobre las relaciones filogenéticas entre especies o grupos de especies fósiles surgen necesariamente esquemas interpretativos diferentes. Más aún, la clave teórica a partir de la cual se analizan los fósiles puede influir sobre el resultado del análisis, y no solamente en el marco de la reconstrucción filogenética de un grupo dado. Éste es el caso del debate de fondo entablado desde hace casi veinte años en torno el ritmo de la evolución.

Aunque las reconstrucciones evolutivas que conciben los paleontólogos se fundan en «hechos» incontestables (los fósiles), no es esto lo que determina su objetividad científica. Ya no estamos en aquellos tiempos en que los paleontólogos, como Charles Depéret (1854-1929) a principios de siglo, invocaban el fósil como el único hecho «real» en materia de evolucionismo. Las construcciones paleontológicas sólo participan de un conocimiento objetivo desde el momento en que son evaluables, contrastables, en una palabra, refutables. En materia de ciencia histórica, el concepto de evaluación es siempre una fuente de controversias. He aquí por qué la paleontología pasa todavía en ocasiones por ser una «ciencia de autor», términos singularmente peyorativos para cualquier disciplina que aspire a cierta universalidad. Sin embargo es posible juzgar, evaluar: todas las hipótesis paleontológicas no tienen el mismo valor, algunas son más verosímiles que otras. Su evaluación no viene dada solamente por el descubrimiento de nuevos fósiles. Si fuera así, el fondo de las hipótesis paleontológicas tendría escasa consistencia. Pero la importancia de los nuevos descubrimientos, por evidente que pueda parecer esta constatación, no debe ser subestimada. Las lagunas de fosilización siguen siendo considerables. De la historia de los seres vivos sólo conocemos todavía algunos fragmentos. Es cierto que son fragmentos muy apreciables, pues gracias a ellos nos resulta inteligible la historia de la vida sobre la tierra. Pero queda todavía una infinidad de fósiles por descubrir.

La evaluación de las hipótesis filogenéticas, la elección entre esquemas evolutivos concebidos a partir de las mismas observaciones, se realiza, esencialmente, a través del criterio de simplicidad. La relación de unos fósiles con otros permite restablecer porciones más o menos importantes del árbol genealógico. Estas porciones representan la filogenia de los grupos. El género *Dyospira*, los homínidos, los actinopterigios o los hiénidos, los trilobites o *Choerolophodon*, *Hyopsodus* o los teridomiídos constituyen tales grupos; su nombre puede resultar más o menos evocador o abstruso dependiendo de que el lector esté más o menos versado en botánica, zoología o paleontología. El descubrimiento de nuevos fósiles o de caracteres nuevos (incluidos los caracteres genéticos, para los casos en que están implicadas las especies actuales), no ha afectado todavía en nada a numerosas hipótesis filogenéticas emitidas desde del siglo XIX: su solidez, no refutada por los hechos, permite que en lo sucesivo se las considere como hechos de observación. Sin embargo no dejan de ser reconstrucciones en las que el razonamiento formal tiene un peso específico. Las filogenias no se ofrecen a la mirada atenta del paleontólogo durante el trabajo de campo, en el momento de la recogida de ejemplares fósiles; son reconstrucciones posteriores elaboradas con la ayuda de criterios que dependen, implícitamente, de la noción de simplicidad.

La semejanza y la superposición estratigráfica son los criterios más frecuentemente citados para apoyar reconstrucciones históricas y paleontológicas. El principio de simplicidad se aplica en este caso a la interpretación de la semejanza: cuando dos fósiles se asemejan, lo más sencillo es deducir la existencia de un vínculo exclusivo. Desde un punto de vista general, este criterio de simplicidad depende del principio de economía de hipótesis (llamado todavía de parsimonia), aplicado en este caso a hipótesis evolutivas. Partiendo de un número dado de observaciones deducidas tanto de los fósiles como de las formas actuales, se intenta construir una relación que implique el mínimo de acontecimientos evolutivos para las especies o grupos de especies estudiados. Una solución que implique el menor número de acontecimientos no puede ser menos probable que una solución que implique más. Este principio permite una realizar una selección severa entre hipótesis, esquemas evolutivos o interpretaciones que expliquen un mismo hecho. Sólo los partidarios de la sistemática cladista se refieren explícitamente a este principio de economía o parsimonia. Los métodos de construcción filogenéticos, concebidos bajo la expresión «sistemática filogenética» por el entomólogo alemán Willi Hennig (1913-1976), se han reunido desde entonces bajo la etiqueta «cladismo». Este término procede de «clade», nombre que reciben en el argot técnico de los sistemáticos los grupos naturales. Éstos son categorías sistemáticas donde se agrupan las especies que comparten la misma historia genealógica. Por ejemplo, en la naturaleza actual, pájaros y cocodrilos pertenecen al mismo grupo natural porque son los únicos descendientes de una lejana especie ancestral que vivió en la era secundaria. Sin embargo, este grupo no figura en los manuales neodarwinianos, que clasifican a los cocodrilos en los reptiles, junto con los lagartos y las tortugas.

Este principio de economía, ¿responde a una simple exigencia metodológica o se funda, por el contrario, en la ontología de los seres vivos? He abordado estos puntos relativos a la construcción filogenética en obras anteriores y no volveré sobre ello en estas páginas. Sin embargo, me parece necesario insistir en que las hipótesis sobre los vínculos entre las especies fósiles (lo mismo que entre especies actuales) son construcciones lógicas. Si partimos del postulado según el cual el poder de la evolución no tiene límites, puede admitirse, por ejemplo, que todo es posible: cualquier especie fósil ha podido dar origen a cualquier otra; cualquier grupo está emparentado con cualquier otro. Una actitud como ésta no conduce demasiado lejos. En cualquier caso, esta opción estéril (todo es posible) sólo tiene como alternativa la necesidad de simplificación que dicta la lógica.

Pero un fenómeno muy real complica la situación: el de la convergencia, es decir, la aparición independiente de los mismos caracteres en especies diferentes, genealógicamente próximas o lejanas. Este fenómeno implica la repetición de acontecimientos evolutivos parecidos. Por el contrario, el hecho de que varias especies diferentes compartan un mismo carácter, heredado de una especie ancestral común, tan sólo implica un único acontecimiento evolutivo. Siempre se ha tendido a sobrevalorar la convergencia, tanto más cuanto que ésta, ya perceptible cuando se comparan formas actuales, se concreta históricamente en el estudio de los fósiles.

Un ejemplo sencillo —citado muchas veces— ilustrará este problema. Los vertebrados terrestres (los tetrápodos) descienden de un pez óseo dotado de aletas lobuladas, de un tipo un poco particular. Su «salida de las aguas» tuvo lugar en el devónico, hace unos 380 millones de años, época a la que se remontan los primeros tetrápodos. Todos los tetrápodos, tanto fósiles como actuales, comparten una misma anatomía básica, aunque sólo sea en la estructura de los miembros. Considerar un solo acontecimiento evolutivo para explicar la aparición de los tetrápodos equivale reconocerles un origen único, y por tanto a admitir que todos los tetrápodos descienden de una única especie ancestral (hipótesis llamada monofilética). Se ha contemplado igualmente la hipótesis inversa: varias especies acuáticas habrían evolucionado de forma paralela produciendo las mismas estructuras anatómicas (hipótesis denominada polifilética). Teniendo en cuenta los caracteres implicados, la hipótesis polifilética se revela menos económica: se la considerará refutada.

Cuando se piensa en la dimensión del tiempo y en la superposición de los estratos geológicos, la lógica del análisis genealógico parece, a decir verdad, algo menos evidente. Lo que nos devuelven las capas sedimentarias, ¿no es un fragmento de historia? Pero, una vez más, lo que observamos en éstas son los productos de la evolución y no los vínculos que pudieron existir entre ellos. Si, llevados por un cuidado «positivista» extremo, queremos evitar cualquier especulación al respecto, podemos centrarnos en aquellas situaciones que permitan obviar las lagunas sedimentarias y ofrezcan un registro fósil lo suficientemente abundante para establecer que los fósiles antiguos son los antepasados de los más recientes. En casos como éstos es prácticamente posible leer el sentido de la evolución en las piedras. Llegados a este punto, conviene insistir de nuevo en que para establecer una relación directa entre fósiles es imprescindible un análisis de su similitud. Un anfibio del devónico no es el antepasado de una libélula del carbonífero. De este ejemplo caricaturesco puede deducirse la regla según la cual no se debe considerar automáticamente que lo que es antiguo es ancestral en relación con lo que es reciente. Esto se aplica también a las especies morfológicamente próximas. Ahora bien, la similitud no es un dato, es el resultado de una interpretación: nada es menos intuitivo que el parecido debido a la filiación. Se han citado estos casos privilegiados, en los que el registro fósil aporta suficientes datos de observación, para ilustrar la solidez de las construcciones paleontológicas cuyo contenido hipotético podría ser más débil. Sin embargo, descubrimientos posteriores vienen frecuentemente a demostrar el carácter ilusorio de la totalidad del registro fósil.

El análisis cladista de los caracteres, que pretende establecer la solución genealógica más sencilla, se ha difundido ampliamente en paleontología desde hace una veintena de años. Actualmente resulta posible incluso fechar las publicaciones paleontológicas remitiéndose a la estructura de los árboles genealógicos que en ellas figuran. En un principio, los cladistas no dejaron de hacer gala de una buena dosis de agresividad. Recuerdo gloriosos intercambios de argumentos contundentes durante las polémicas que animaron más de un coloquio. Al echar por tierra muchos de los eruditos esquemas evolutivos (inútilmente) complicados que a veces eran autoridad, sembraron el caos entre las filas de los evolucionistas. El lector debe tranquilizarse, las soluciones sencillas de los cladistas siguen siendo suficientemente complejas para guardar las apariencias de la cientificidad. Pero es evidente que el cladismo, al otorgar a la lógica inherente a las construcciones genealógicas un papel preponderante (con una insistencia a menudo juzgada machacona), tuvo que vérselas con más de un naturalista.

El ritmo de la evolución

No tendría ningún interés comparar en estas páginas las filogenias contradictorias de diferentes fósiles para seleccionar, por medio del criterio de simplicidad (del modelo de economía de hipótesis o «parsimonia», si se prefiere), aquellas que resulten más verosímiles. El mensaje de los fósiles va más allá de la construcción histórica: se refiere también a los mecanismos de la evolución, tema éste que no cesa de captar la atención por derecho propio. Por tanto, tal vez sea más instructivo en relación con esta cuestión examinar el debate suscitado en torno a las hipótesis sobre las modalidades y el ritmo evolutivos deducidas a partir de los fósiles. *Ritmo y modalidades de la evolución*: tal era el título del libro del paleontólogo americano George Gaylord Simpson (1902-1984), aparecido en la inmediata posguerra, una obra que ha iluminado y guiado los pasos de numerosos evolucionistas que aprendieron en ella los fundamentos de su disciplina. En esta obra fundamental, Simpson plantea de entrada una pregunta: «¿A qué velocidad evolucionan los animales en la naturaleza? Éste es el problema de observación fundamental en lo que respecta al ritmo en evolución [2]». El problema no ha perdido hoy en día nada de su actualidad, al igual que las dos clases de soluciones discutidas en su día por Simpson: la evolución llamada gradual, filética, y la evolución llamada rápida, cuántica. Tampoco ha envejecido la exploración de los conceptos de micro-, macro- y de mega-evolución llevada a cabo por Simpson. Tan sólo la aplicación del término mega-evolución a la evolución a gran escala (familia, orden, clase y tipo) ha caído en desuso. Por el contrario, permanecen particularmente vigentes los debates sobre la microevolución (la evolución intraespecífica: considerada

---

[2] George Gaylord Simpson: *Rytme et modalités de l'évolution*, (trad. francesa), París, Albin Michel, 1950, p. 21.

en el interior de la especie) y la macro-evolución (la evolución interespecífica: entre las especies, «a la altura o próximas del mínimo de discontinuidad genética», escribe Simpson).

La actualidad de estos conceptos se manifiesta en el debate entre el modelo del gradualismo filético y el de los «equilibrios punctuados», que concierne a la evolución cuántica. Desde hace una veintena de años, este debate viene suscitando controversias y polémicas, a veces virulentas. ¿La evolución es lenta y gradual, o rápida y brusca? Cuando en 1972 los paleontólogos americanos Niles Eldredge y Stephen Jay Gould propusieron su modelo de especiación (es decir, de nacimiento de las especies), llamado de los «equilibrios punctuados» o «punctuacionismo», invirtieron deliberadamente los hábitos paleontológicos. En efecto, hasta entonces, a pesar de las distinciones establecidas por Simpson, la mayoría de los trabajos paleontológicos se correspondían con el modelo «gradualista» y se ajustaban a la evolución filética. Según el modelo «gradualista», que puede calificarse de dominante, el estudio de las series fósiles mostraba que los linajes filéticos se transformaban gradualmente en el transcurso del tiempo, y si aparecían discontinuidades en una línea de descendencia se imputaban a las lagunas de la documentación estratigráfica: tal era la ortodoxia neodarwiniana en paleontología. Eldredge y Gould se opusieron a ella y afirmaron que la naturaleza, lejos ser un movimiento continuo, procede por fases de estabilidad (de «estasis», según la expresión consagrada) y fases de transformación rápida: los períodos de estabilidad, de equilibrio, aparecen «punctuados» —es decir, interrumpidos y a la vez subrayados— por períodos de evolución intensa, fuentes de especiación.

Hasta este momento, y desde finales del siglo XIX, la literatura paleontológica muestra una atención privilegiada a los casos de gradualismo filético. En cierto modo, estos ejemplos muestran efectivamente la transformación progresiva de una especie en otra en el transcurso del tiempo. ¿Qué mejor prueba se podía desear para demostrar la evolución darwiniana?

Los ejemplos estudiados abundan, ya se trate de especies planctónicas, de ostras, de erizos de mar, de ammonites o de roedores. El modelo inicial es relativamente sencillo: en las capas estratigráficas de una cuenca dada, la superposición de fósiles pertenecientes a un mismo linaje evolutivo permite «ver» el sentido de la evolución. Los caracteres observados se cuantifican, frecuentemente utilizando el tamaño como criterio de referencia. Las transformaciones que se observan indican una desviación morfológica progresiva, a veces con ciertas miradas hacia atrás (reversiones). Los miembros más recientes de la línea de descendencia son distintos de los miembros más antiguos, que habrían ido siendo reemplazados imperceptiblemente por formas intermedias. Pero algunos de estos ejemplos «clásicos» con los que se fueron curtiendo generaciones enteras de estudiantes, se han revelado erróneos, y mucho antes de 1972. Es el caso de la evolución gradual de un erizo de mar fósil, el *Micraster*, ejemplo gradualista tipo que databa de 1899. Sin embargo, se ha podido demostrar que la supuesta transformación progresiva *in situ* de una especie *Micraster* en otra era una construcción errónea: la especie reciente era un emigrante procedente de otra cuenca. Hicieron falta sesenta años para rectificar el esquema evolutivo deducido de estos datos, ¡sesenta años de gradualismo triunfante! Con este ejemplo no pretendo sugerir que todos los ejemplos de gradualismo filético que han podido producirse sean erróneos. Pero no son tan frecuentes como hacía pensar la interpretación paleontológica. Algunos, de hecho, sólo muestran una variación fluctuante, en zigzag, sin orientación bien definida, de tal modo que diferentes paleontólogos pueden ver en ellos tanto casos de evolución gradual como ejemplos de estasis, de «no-evolución». El paleontólogo francés contemporáneo Jean Chaline, que ha tratado varios ejemplos gradualistas —uno de los cuales es el de la evolución del primer molar inferior de los ratones de campo en Eurasia desde hace 3,5 millones de años—, no teme afirmar que los ejemplos bien documentados y estudiados de evolución gradual irreversible «son, finalmente, bastante escasos».

Es frecuente que los ejemplos de gradualismo filético que han elaborado los paleontólogos, a partir de grupos fósiles muy diversos, no sólo se presenten como ejemplos de transformación morfológica gradual en el tiempo, sino también como ejemplos de especiación, es decir, de producción de nuevas especies. Este tipo de afirmación esconde una trampa semántica. La especie paleontológica es un concepto histórico, cronológico, establecido sobre la similitud morfológica. La especie biológica es un concepto espacial, ecológico, fundado sobre la cohesión genética. Pero incluso si la cohesión genética de la especie cronológica es un hecho que sólo puede ser deducido, las comparaciones de los ejemplos paleontológicos entre sí conservan todo su significado. Poco importa que las unidades postuladas sean llamadas especies, cronoespecies, paleoespecies, subespecies cronológicas, transientes o de cuantas formas se decida bautizarlas. La producción filética de una nueva entidad debe considerarse como la producción de algo morfológicamente diferente, que ha evolucionado por tanto, entre o no entre esta producción en la categoría de «especie».

Ahora bien, el modelo gradualista de especiación filética aquí presentado entra en contradicción con el modelo llamado de «especiación geográfica». Este último ha contado con numerosos partidarios entre los biólogos a partir de la obra del zoólogo americano Ernst Mayr, uno de los publicistas de la teoría sintética de la evolución, marco neodarwiniano de la biología moderna. No abordaré aquí la amplia cuestión de los modelos «actualistas» de especiación, es decir, los fundados sobre seres actuales. Baste con saber que el modelo de especiación geográfico postula que las nuevas especies surgen a partir de poblaciones locales situadas al margen de la distribución geográfica central de la especie madre: estas poblaciones se denominan periféricas. Cuando el aislamiento geográfico permite el aislamiento reproductor de una población periférica, en ésta se producen recombinaciones genéticas inéditas. Si, al desaparecer la barrera geográfica que los aislaba, los representantes de la población periférica vuelven a entrar en contacto con los miembros de la población principal, la interfecundación entre ambos grupos ya no es posible. Puede decirse entonces que se ha producido una nueva especie.

Como subraya el zoólogo británico Richard Dawkins, uno de los más intransigentes representantes del neodarwinismo, «la teoría según la cual la especiación es el resultado de una separación geográfica inicial es desde hace tiempo la piedra angular del neodarwinismo ortodoxo oficial, y sigue siendo aceptada por todos como el proceso principal (algunos estiman que no es el único) por el que las especies nuevas acceden a la existencia» [3]. Esta «piedra angular» no deja ninguna posibilidad a la evolución progresiva *in situ* de las especies, que era precisamente lo que mostraban las construcciones de especiación filética elaboradas por los paleontólogos.

Tanto Eldredge como Gould intentaron deshacer esta contradicción aplicando el modelo de especiación geográfica a los documentos fósiles. El primero siguiendo la evolución de una especie de trilobite devónico, el *Phacops rana*; el segundo estudiando el proceso en una especie de caracol pleistoceno, el *Poecilozonites bermudensis*. Su conclusión fue inapelable. El gradualismo filético estaba, en el mejor

---

[3] Richard Dawkins: *El relojero ciego* (trad. española). Barcelona, Labor, 1989.

de los casos, desmesuradamente sobrevalorado. La especiación se realizaba más bien mediante la transformación rápida de poblaciones periféricas: sus análisis mostraban la mayor duración de los períodos de equilibrio, de estasis, que aparecían «punctuados» o interrumpidos por períodos más cortos de evolución rápida.

Una de las críticas esenciales que los promotores del modelo de los «equilibrios punctuados» dirigen al modelo del gradualismo filético tiene que ver con la dimensión geográfica de la cuestión. Numerosos ejemplos de gradualismo filético dan cuenta de la sucesión de especies o de poblaciones sin considerar la extensión geográfica de las especies o de las poblaciones reconocidas en las diferentes épocas consideradas. Sin embargo, es frecuente que las especies estudiadas en un depósito sedimentario aparezcan también en otros. Si no se tienen en cuenta las fluctuaciones eventuales de las distribuciones geográficas de las especies, los linajes filéticos que se deduzcan explicarán de forma incompleta, por no decir errónea, el proceso evolutivo.

Según Eldredge y Gould, lo que en realidad caracteriza a la especie a lo largo del tiempo son los largos períodos de inmovilidad. ¡La estasis es un hecho!, proclamaron. No podían haber encontrado mejor fórmula para zarandear el ortodoxo dogma neodarwiniano de la evolución progresiva y gradual. Aquí se plantea en cualquier caso un problema de escala cronológica sobre el cual volveré más adelante. Pero, en contrapartida, esta tesis alteraba indiscutiblemente el mensaje de los fósiles: los documentos paleontológicos no concordaban necesariamente con el modelo del gradualismo filético. Para ilustrar esta situación, nada mejor que presentar los casos estudiados por Eldredge y Gould. No hay que esperar transformaciones evolutivas espectaculares de estos dos ejemplos que voy a resumir rápidamente. Por el contrario, los caracteres implicados podrían parecer irrisorios. Es lo que sucede con el evolucionismo: pequeñas causas, grandes efectos; pequeños fenómenos, grandes síntesis.

El trilobite *Phacops rana*, como los restantes miembros de la familia de los facopideos, posee unos ojos compuestos realmente inusitados, muy diferentes de los de los artrópodos en general y de los restantes trilobites en particular. Cada ojo se compone de múltiples lentes diminutas dispuestas en franjas verticales. Cada una de estas lentes está individualizada por su propia córnea. El ojo de estos trilobites es más bien, por lo tanto, una adición de ojos independientes. Partiendo de secciones seriadas en la calcita de las lentes fósiles, posteriormente examinadas al microscopio electrónico de barrido, se reconstruyó en los años sesenta la fisiología de la visión en estos animales: la particular morfología de sus ojos les permitía tener un ángulo visual de unos 360°. El tamaño y la posición de los ojos sobre el cráneo, el número de lentes, han ido variando en el curso de la evolución de los facopideos. La variación del número de franjas verticales de lentes en las poblaciones de *Phacops rana* procedentes del devónico medio de América del Norte, dio la clave que permitiría comprender la evolución de la especie. En esta época, la mitad este de América del Norte se hallaba cubierta por un mar epicontinental poco profundo; la única masa continental emergida (la cadena de los Apalaches estaba surgiendo entonces) se correspondía con la actual Costa Este, entonces unida a Marruecos, Escocia, Groenlandia y Escandinavia: el océano Atlántico y el mar Mediterráneo todavía no existían.

Los fósiles que permiten seguir la evolución del *Phacops rana* se escalonaban a lo largo de ocho millones de años. Los trilobites se recogieron por una parte en los sedimentos depositados por el mar epicontinental —la zona de distribución principal (Michigan, Ohio, Ontario)— y, por otra parte, en la zona llamada marginal, un surco profundo excavado a lo largo del continente (Estado de Nueva York, más al este). La sucesión de los trilobites en los depósitos del mar epicontinental muestra una reducción en el número de franjas de las lentes oculares, que pasan de 18 a 15: una población con 15 franjas sucedía a una población de 17 franjas, que a su vez sucedía a una población de 18 franjas. Las comparaciones con otros *Phacops* muestran que la presencia de 18 franjas representa el estado primitivo. Las distintas poblaciones que se sucedían en los depósitos del mar epicontinental no manifestaban variaciones en el número de franjas. Estas variaciones sólo aparecían en las poblaciones de trilobites descubiertas en la zona marginal situada más al este, a lo largo de la cadena de los Apalaches. Más aún, las poblaciones dotadas de 17 franjas se habían individualizado allí —rápidamente— mucho antes de su aparición en el amplio mar situado más al oeste. Durante más de dos millones de años los *Phacops* de 17 franjas habían sido contemporáneos de los *Phacops* de 18 franjas, pero vivían en otra parte.

El fenómeno se repitió algo después en lo que respecta a las poblaciones marginales de 15 franjas. Dos episodios de regresión marina seguida de un retorno del mar afectaron a los depósitos del mar epicontinental. Las poblaciones de *Phacops rana* caracterizadas por la reducción del número de lentes y diferenciadas primero en las zonas marginales, cercaron posteriormente la zona epicontinental y, aprovechando el retorno del mar, fueron sustituyendo a las poblaciones que vivían anteriormente en la zona. En la zona epicontinental no se produjo ninguna transformación gradual *in situ*. La especie *Phacops rana* resultaba ser una especie estable, en «estasis», y la evolución se realizaba, rápidamente, en las poblaciones marginales, conforme al modelo de especiación geográfica.

El caracol *Poecilozonites bermudensis* evolucionó en las Bermudas —aislado— en el curso de los últimos 300.000 años siguiendo modalidades semejantes. Durante el cuaternario se produjeron intensas oscilaciones climáticas. Las variaciones morfológicas que presenta el caracol de las Bermudas se interpretan precisamente en términos de adaptaciones climáticas. La distribución geográfica de los caracoles en el transcurso del tiempo muestra que las poblaciones nuevas (cuatro en total) se individualizaron rápidamente en las zonas periféricas. El examen del desarrollo de la concha permitió establecer que, esta vez, las evoluciones eran casos de «paedomorfosis», es decir, persistencia de rasgos juveniles en los ejemplares adultos. En este caso, el crecimiento de la concha en el descendiente no se produce del mismo modo que en el antepasado: se limita a amplificar los primeros estadios de desarrollo. Conclusión: en la zona principal la evolución desde el antepasado al descendiente no se produjo de forma gradual.

En estos dos estudios paleontológicos, la lectura casi literal de los documentos fósiles mostraba que una especie se encuentra normalmente en «estasis» y que ese equilibrio se ve alterado, «punctuado», por transformaciones rápidas que afectan a las poblaciones marginales, periféricas. De ahí el modelo de los «equilibrios punctuados». El modelo fue aplicado posteriormente al estudio de animales tan diferentes como los trilobites, los moluscos o los antílopes. Por ejemplo, para el paleontólogo francés Jean-Louis Henry, gran «cazador» de trilobites en suelo bretón, la evolución de los trilobites ordovícicos en el macizo armoricano (especies más antiguas que las estudiadas por Eldredge) apoyaba el modelo de los equilibrios punctuados.

Por si fuera poco, Eldredge y Gould hallaron una especie de confirmación a su modelo —tal vez insospechada— en los trabajos de genética teórica. En 1932, el genetista americano Sewall Wright (1889-1988) —uno de los fundadores de la genética de las poblaciones— había propuesto la noción de «paisaje adaptativo» que, por otra parte, influyó sobre la concepción de la evolución cuántica de Simpson, de la que ya hemos hablado en páginas anteriores. El concepto de paisaje adaptativo se aplicaba al examen de las combinaciones múltiples de alelos (un mismo gen bajo varias formas) en individuos. Ciertas combinaciones debían ser más armoniosas que otras. Representadas sobre un mapa, estas combinaciones armoniosas aparecían como picos, las menos armoniosas como valles. La teoría fue rápidamente trasladada al estudio de poblaciones y especies: el pico correspondería entonces a la situación de la especie en el paisaje adaptativo. En la década de los ochenta se propusieron una serie de modelos matemáticos que fueron juzgados coherentes (entre otros por el propio Wright) con las nociones de estasis y de transformación rápida implicadas por el modelo de los equilibrios punctuados. El paso de un pico a otro, es decir, a través de una zona «no adaptativa» (el valle), podría deberse a una deriva genética rápida en la que no interviene la selección natural; a continuación, desde el momento en que se alcanzara la pendiente del otro pico, la selección «tiraría» de la población hacia la cima. Se constata por tanto una nueva alianza entre dos modelos heterodoxos, uno surgido de la genética teórica y el otro de la paleontología.

Sin embargo, no todos los documentos paleontológicos pueden ser examinados a la luz de los modelos concurrentes de especiación. Aunque es cierto que en ocasiones se tiende a sobrevalorar las lagunas debidas a los azares de la evolución, éstas tienen una existencia muy real. Las investigaciones que he llevado a cabo sobre la evolución del orden de los proboscídeos —los portadores de trompa, dicho de otra forma, los elefantes— no me permiten abundar en un sentido o en otro. Incluso para el mioceno (un período que se extiende desde los 24 a los 5 millones de años de antigüedad y para el que no son escasos los mamíferos fósiles) las mallas de la red fosilizadora resultan mucho más anchas, y los restos de proboscídeos bastante menos densos de lo que sería deseable. Con todo, en lo que respecta al Viejo Mundo y hablando de un nivel taxonómico superior al de las poblaciones y al de los encadenamientos de especies, he podido comprobar que los acontecimientos evolutivos fueron mucho más rápidos de lo que se venía creyendo generalmente.

El examen de las dos especies actuales (el elefante de Asia y el elefante de África) no puede dar una idea de la diversidad de los proboscídeos en el mioceno, ni tan siquiera de las formas próximas a los elefantes, llamadas comúnmente mastodontes. Ahora bien, la diversificación de estos animales, tal como se la conoce en sus grandes líneas, aporta ya varios elementos de respuesta sobre los ritmos evolutivos. El asentamiento de los cuatro grandes grupos naturales incluidos en este orden —tres de los cuales sólo conocemos en estado fósil— se realizó probablemente en el intervalo de dos millones de años, en el mioceno inferior. Se pensaba que la evolución de las grandes estructuras de estos animales se escalonaba a lo largo de casi 10 millones de años, pero en realidad llevó menos de la mitad de tiempo.

Los caracteres presentaban ritmos evolutivos diferentes y, para algunos de ellos, la estasis es real.

Los mamútidos constituyen uno de estos grupos naturales de mastodontes, que no deben confundirse, a pesar de su nombre, con los mamuts. Tuve la suerte de describir al primer representante conocido de este grupo. Vivía en el este de África hace 22 millones de años, y sus restos se encontraron en el más antiguo yacimiento mioceno africano que se conoce, descubierto por el geólogo británico Martin Pickford. La última especie de los mamútidos se extinguió, por su parte, hace algo más de 10.000 años, en América del Norte. Entre estas dos fechas, los mamútidos penetraron en Eurasia, tras la colisión entre ésta y África, y a continuación en América, a través del istmo de Bering, aprovechando las oscilaciones en el nivel de los mares. Vivieron tanto en medios tropicales cálidos como en climas templados o fríos, en densas selvas, en las sabanas arboladas, en las praderas y en los bosques de piceas. Sus molares prácticamente no evolucionaron. Para el que no esté familiarizado con estos animales, resulta imposible distinguir los molares de una especie que vivió hace 15 millones de años en Francia, de los de otra especie que vivió hace 15.000 años en América del Norte. Las presiones de selección del medio no pudieron con ellos; los molares hicieron alarde de una insolente estabilidad: la estasis es un hecho.

Por las mismas fechas, entre las especies de mastodontes más estrechamente emparentadas con los elefantes, y que frecuentaron los mismos medios, los molares evolucionaron de forma espectacular: en este caso, incluso el más profano en la materia no puede confundir los molares de una especie que vivió hace 15 millones de años en Francia, con los de otra especie que vivió hace 15.000 años en América del Norte, o también en Europa, en Asia o en África. En contrapartida, las mandíbulas y las defensas de los mamútidos se transformaron de forma sensible (de forma algo parecida, por otra parte, a lo que sucede en los elefantes). De estos ejemplos debe inferirse que los ritmos evolutivos no son los mismos entre especies de un mismo grupo ni entre caracteres de una misma especie.

Eldredge y Gould estaban de hecho interesados por dos cuestiones sutilmente diferentes. La fusión que se suele establecer entre ambos resultó ser una fuente de confusión. La primera de estas cuestiones concierne a la información intrínseca aportada por los documentos fósiles: las lagunas no son tan frecuentes como se pretende, el examen de los fósiles apoya simultáneamente el modelo de especiación geográfica y la imagen de la evolución cuántica (rápida) concebida por Simpson. La segunda se refiere a las modalidades de la evolución: si los períodos de especiación son rápidos en la escala del tiempo geológico, las discontinuidades que se observan al analizar las anatomías de diferentes organismos emparentados pueden imputarse al propio proceso evolutivo. Unas transformaciones morfológicas importantes se asentarían rápidamente. La macroevolución queda, por tanto, desconectada de la microevolución. En este caso, el proceso evolutivo responsable de estas discontinuidades depende de mutaciones que afectan a «genes que intervienen en la forma tal como emerge del conjunto de las interacciones celulares» [4]. Puede ser que estos genes sean de los que controlan el ritmo de desarrollo. Tales modificaciones alteran el *tempo* de este desarrollo (heterocronía) y, en consecuencia, la morfología final. Es conveniente subrayar antes que nada que la identificación de los procesos evolutivos a gran escala no está de ningún modo en el origen del modelo de los «equilibrios punctuados», aunque el renacimiento de las teorías macroevolucionistas esté ligado a este modelo.

Las afirmaciones de Edredge y Gould tuvieron un gran impacto sobre la ortodoxia neodarwiniana. Declarar que los archivos paleontológicos no confirman la evolución gradual y deducir de ello la existencia de transformaciones morfológicas rápidas de gran amplitud, no figuraban entre los temas favoritos de los evolucionistas. La aplicación en paleontología del modelo neodarwiniano ortodoxo de especiación geográfica provocó tempestades, situación algo paradójica por otra parte. En cuanto al renacimiento de las teorías macroevolutivas, escandalizó a más de un biólogo: la evolución debía ser explicada solamente por los procesos de la microevolución que había destacado la genética (es decir,

[4] Alain Prochiantz: *La construction du cerveau.* París, Hachette, 1989. (Trad. española: *La construcción del cerebro.* Madrid, Akal, 1990).

la selección natural progresiva, gradual, de las variaciones producidas en el seno de la especie).

Los paleontólogos y los genetistas no tienen la misma idea del tiempo. Según el modelo de los «equilibrios punctuados», la especiación aparece como un acontecimiento brusco: de 5.000 a 50.000 años. En la escala del tiempo geológico, se trata de una evolución rápida y difícilmente perceptible en los archivos paleontológicos, pero en la escala del tiempo de la generación se trata de un acontecimiento lento. Por este motivo, según los biólogos neodarwinianos ortodoxos, el modelo de los «equilibrios puntuados» puede entrar perfectamente en la esfera gradualista del neodarwinismo: no hay ninguna razón de contar con procesos macroevolutivos particulares para explicar las transformaciones evolutivas, aunque sean «punctuadas». En cambio, la crítica que numerosos paleontólogos dirigen a Eldredge y Gould es completamente distinta: las transformaciones graduales, al extenderse a lo largo de millones de años (y no solamente millares), serían hechos muy reales, y no, como pretenden Eldredge y Gould, meras construcciones mentales.

Las discusiones, controversias y polémicas suscitadas en torno a las dos concepciones de los ritmos evolutivos llegaron a ser muy ásperas y todavía siguen abiertas. A principios de la década de los ochenta, se llegó incluso a organizar un coloquio internacional del CNRS (*Centre national de la recherche scientifique*) [5] con el fin de probar que los

---

[5] Centro Nacional de Investigación Científica, con sede en

«punctuacionistas» estaban equivocados. Mi contribución a este coloquio, en el que intervine junto con mis colegas Daniel Goujet, Philippe Janvier y Jean-Claude Rage, fue digna de la agresividad atribuida a los cladistas: antes de ponerse a ergotizar sobre los ritmos evolutivos —señalábamos— convendría primero establecer hipótesis fiables sobre las relaciones genealógicas. Porque sucede que los esquemas evolutivos, gradualistas o no, pueden de hecho ser refutados apoyándose en bases cladistas, o también puede suceder que no sean sino una de las muchas soluciones posibles.

Hemos mencionado anteriormente que los trabajos sobre los trilobites ordovícicos del macizo armoricano realizados por el paleontólogo francés Jean-Louis Henry coincidían con el modelo de los «equilibrios punctuados». Pues bien, por las mismas fechas, la polémica sobre los ritmos evolutivos volvió a cobrar actualidad a raíz de otros estudios sobre trilobites ordovícicos, esta vez los del país de Gales. Este episodio merece cierta atención porque ilumina los diversos aspectos, científicos y de otro tipo, que estaban en juego en este debate.

Los ocho linajes de trilobites del país de Gales estudiados por el paleontólogo británico Peter Sheldon evolucionaron de forma gradual. En esta ocasión, el carácter analizado era el número de costillas de la parte posterior del cuerpo. Este número, analizado a lo largo de un período de tres millones de

---

París. Es el equivalente francés al Consejo Superior de Investigaciones Científicas (CSIC). *(N. de la T.)*.

años, aumentaba globalmente en cada una de las descendencias (con «reversiones», en el caso de cinco de ellas: es decir, períodos en los que el número de costillas decrecía antes de aumentar de nuevo). El resultado se presentó en las esferas neodarwinianas como un ejemplo de refutación del modelo de los «equilibrios punctuados»: «El darvinismo sigue siendo no punctuado», comentó el evolucionista británico John Maynard Smith. «El equilibrio punctuado predomina», replicaron sin embargo Eldredge y Gould.

En su respuesta, estos últimos insistieron sobre un punto importante relacionado con las velocidades de evolución que implicaban los linajes filéticos, ya se trate de los trilobites del país de Gales o de otros ejemplos de gradualismo filético (principalmente los de mamíferos terciarios). Si estas tasas de transformación tenían que explicar toda la diversidad morfológica de los grupos implicados, exigirían tiempos de evolución infinitamente más largos que superarían los períodos en que estos grupos de animales son conocidos. ¡Es preciso contar, por lo tanto, con unos períodos en los que se produciría la aparición y el asentamiento rápidos de rasgos morfológicos importantes! Aparte de un debate sobre la selección entre especies que no abordaré aquí, se llegó a un acuerdo sobre el ritmo de la evolución. En su comentario final, Maynard Smith reconoció que la estasis era un fenómeno real y que las diversidades taxonómicas podían atribuirse a velocidades de especiación diferentes, pero concluyó que todo esto se situaba perfectamente en la esfera de las ideas neodarwinianas. En un momento de su argumentación, los promotores de los «equilibrios punctuados» habían efectivamente escrito, que «[...] todos somos darwinianos [...]». ¿Para qué añadir más? El neodarwinismo abrió sus brazos a los hijos pródigos: *Welcome back!*

Este intercambio permite entrever las implicaciones extracientíficas de la controversia. En el curso de los años, Eldredge y Gould habían sido acusados de atacar de frente a los neodarwinianos (lo que era indiscutible); al hacerlo, se exponían a ser acusados de antievolucionistas (lo que ya lo es menos). Extraña paradoja para dos paleontólogos comprometidos en primera línea de fuego en los interminables y valerosos combates contra el movimiento creacionista del otro lado del Atlántico. Pero la ciudadela neodarwiniana está construida de tal modo que nada relacionado con la evolución puede pretender escapar a su competencia: al reclamar el advenimiento de un nuevo paradigma, al reactualizar la vieja noción herética de macroevolución, Gould había traspasado los límites permitidos.

Retorno al embrión

La pujante reaparición del concepto de macroevolución debe mucho a otra resurrección: la de las investigaciones sobre el desarrollo individual, la ontogenia. Gould fue un ardiente impulsor de estas investigaciones, largo tiempo ignoradas por la mayoría de los artífices de la síntesis neodarwiniana. Puede verse en ellas una vía para reconciliar los procesos evolutivos vistos por los paleontólogos y los mecanismos considerados por los genetistas.

El desarrollo de un individuo, desde el embrión hasta el estado adulto, pasa por diferentes fases de transformación de los caracteres que siguen una cronología precisa. Las alteraciones de esta cronología pueden ser responsables de transformaciones morfológicas sensibles. La diferenciación de especies nuevas, en consecuencia, puede estar inducida por estas alteraciones del desarrollo. En el caso del *Poecilozonites*, el caracol de las Bermudas estudiado por Gould, una detención precoz del desarrollo aparece como el responsable de la amplificación al estado adulto de rasgos juveniles. En otros casos, tal vez más frecuentes, son la aceleración del desarrollo o el alargamiento del tiempo de asentamiento de los caracteres desarrollados los responsables de transformaciones morfológicas. Se califica de «heterocrónicos» a los diferentes fenómenos de variación del ritmo del desarrollo ontogénico.

El concepto de «heterocronía», concebido desde el siglo pasado por Haeckel y explorado hace unos cuarenta años por el biólogo británico Sir Gavin de Beer (1899-1972), había sido utilizado en raras ocasiones. Su aparición frecuente en la literatura paleontológica es relativamente reciente. Actualmente los análisis del desarrollo afectan a todos los grupos zoológicos.

Entre los anfibios, las salamandras actuales presentan numerosos casos de detención o de retardamiento del desarrollo (paedomorfosis). La metamorfosis de los anfibios, fenómeno bien conocido, implica principalmente la pérdida de las branquias. En función de fenómenos de paedomorfosis, las branquias persisten en ciertos casos en los ejemplares adultos. Es posible encontrar casos como éstos en numerosos anfibios fósiles —los estegocéfalos—, representados por formas muy osificadas que en ocasiones pueden alcanzar los siete metros. Más de una vez se han descubierto grandes ejemplares adultos que presentaban una perfecta osificación del esqueleto de las branquias. Abundantes durante la era primaria, los estegocéfalos empiezan a escasear en el secundario y un gran número de ellos son paedomorfos. Es el caso, principalmente, de los más recientes (los plagiosáuridos del cretácico). Tales mecanismos han sido igualmente descritos en diferentes grupos de invertebrados, como erizos de mar terciarios y ammonites jurásicos.

Los mecanismos inversos —aceleración de la tasa de transformación o alargamiento del tiempo de desarrollo— permiten la construcción de nuevas morfologías, que son derivaciones extremas de las estructuras anatómicas precedentes y afectan a todos los grupos. Por otra parte, algunas estructuras espectaculares, como el tamaño extraordinario de la cornamenta del gran ciervo de las turberas (*Magalocerus*) que vivía en el cuaternario, se explican fácilmente por un factor de crecimiento exponencial que existe entre el tamaño general de los ciervos y el de sus cornamentas. ¡Si el ciervo rojo actual, común en Europa, tuviera la alzada del gran ciervo de las turberas (1,80 m), sus cuernos alcanzarían el tamaño de los del gran ciervo fósil!

A través de la genética del desarrollo es posible establecer un vínculo entre las transformaciones morfológicas importantes constatadas por los paleontólogos y los procesos de microevolución desvelados por los genetistas. Si una mutación afecta a un gen de regulación que controla el ritmo de desarrollo de un órgano, éste quedará alterado y la morfología resultante se verá necesariamente transformada. En ciertos casos, esta modificación puede ser considerable. Si se admite que los períodos de especiación son cortos, existirían importantes transformaciones morfológicas que se habrían ido fijando, por tanto, pero que actualmente no podrían percibirse a través de los documentos fósiles: en efecto, son raros los sedimentos fosilíferos que ofrecen al paleontólogo una sucesión de depósitos que cubra un período de 5.000 a 50.000 años. Surge así la idea de transformaciones considerables, «cuánticas», casi instantáneas en la escala de los tiempos geológicos, si no en la escala de la generación. El problema consiste en explicar la perpetuación de tales transformaciones en el seno de poblaciones necesariamente pequeñas. Las controversias avanzan a buen ritmo.

Entre las aves, el *Archaeopteryx* jurásico posee un peroné completo semejante al de sus parientes próximos, los dinosaurios. Desde los años cincuenta se sabe experimentalmente que es posible conseguir que un embrión de pollo desarrolle un peroné completo, y no el delgado estilete, libre en su extremo inferior, que desarrolla habitualmente. Es decir, persiste una cierta flexibilidad en el programa genético que regula la morfología del peroné de las aves, transformado sin embargo hace más de 100 millones de años. Pero no todas las alteraciones del desarrollo obedecen necesariamente a causas genéticas. Algunas de ellas, en las que intervienen a menudo hormonas que inhiben o activan el proceso del desarrollo, están influidas por las condiciones ambientales y se llaman entonces epigenéticas. He aquí todo un dominio de la biología, actualmente en pleno auge, pero que no está tan desconectado de las investigaciones paleontológicas como *a priori* podría pensarse.

De estos debates sobre el ritmo de la evolución se desprende que ambos, gradualismo y punctuacionismo, han intervenido con toda probabilidad en el curso de la evolución. Saber cuál de estos dos procesos ha sido el predominante sigue siendo una cuestión abierta a la investigación. Pero, contrariamente a lo que pretendía la literatura darwiniana tradicional, se constata que la estasis es un hecho. Y pone de relieve, por contraste, los períodos de transformaciones. Podría concluirse, dentro de una óptica punctuacionista, con una paradoja: la evolución es posible porque, en la mayor parte de su existencia, las especies no evolucionan.

Los intermediarios

Es muy frecuente leer que la paleontología se muestra avara en intermediarios, es decir, en formas de transición entre organismos anatómicamente muy distintos. Uno de los principales argumentos antievolucionistas se funda precisamente en esta supuesta escasez de formas intermedias. Pero, a decir verdad, la discusión sobre este punto está muy mal planteada. La especie fósil intermediaria, casi mítica si se cae en la cuenta de que la noción de eslabón perdido se le puede aplicar perfectamente, es por lo general un concepto mal comprendido.

¿Cuál es la noción clásica de este intermediario? La de un ser mitad una cosa, mitad otra. Es nefasto —y, en resumidas cuentas, intuitivo— buscar intermediarios entre grandes grupos con el fin de investigar figuras emblemáticas de la evolución. Desde esta perspectiva, se buscará el intermediario entre los peces y los anfibios, o bien entre los reptiles y los mamíferos, o incluso todavía entre los monos y el hombre, intentando descubrir un ser mitad pez, mitad anfibio, mitad reptil, mitad pájaro, etc. Una empresa como ésta no tiene ningún sentido. Los fósiles invalidan sin la menor ambigüedad este planteamiento mal formulado.

La observación empírica de los fósiles muestra que lo que evoluciona —a un ritmo dado— es siempre un carácter o un tipo de carácter, y no toda la morfología. Ya se trate del gradualismo filético de las costillas de los trilobites ordovícicos o del «punctuacionismo» de las lentes oculares de los trilobites devónicos, en ambos casos se trata siempre de un carácter perfectamente definido. Los análisis de los fósiles, muestran, como ya se ha visto, que en un grupo natural dado los caracteres evolucionan de forma independiente. Esta constatación casi universal se explica fácilmente por los procesos de selección: la respuesta adaptativa de una población a cambios ambientales afectará, según los casos, a dispositivos anatómicos diversos: dentarios, locomotores, de visión. A medida que se efectúan las especiaciones ulteriores, estas transformaciones se transmiten, se modifican a su vez o bien permanecen inalterables. De ello resulta, en el seno de una especie cualquiera, una asociación de caracteres que presentan niveles de evolución variados, lo que se denomina «evolución en mosaico», según la expresión propuesta por Sir Gavin de Beer hace cerca de cuarenta años en relación con el *Archaeopteryx*. Lo que antes se exponía sobre la función de las poblaciones periféricas en el surgimiento de las nuevas especies, implica que pequeñas poblaciones marginales —los antepasados, en sentido estricto— tuvieron escasas posibilidades de dejar vestigios fósiles. Pero en cambio es mucho menos rara en los fósiles la presencia de caracteres intermediarios, esbozados, emergentes. El descubrimiento de especies globalmente primitivas por numerosos caracteres pero ya evolucionadas por algunos de ellos, el simple hecho de observar uno solo, nos obliga a reconocer el surgimiento de grupos nuevos sin necesidad de recurrir a seres mixtos, mitad una cosa, mitad otra.

Archaeopteryx, el primer representante de las aves, que vivía en Europa hace 140 millones de años, representa el prototipo de fósil intermediario porque relaciona dos grandes grupos muy alejados, los reptiles y las aves. Presenta numerosas características reptilianas (posee dientes, garras en las alas, etc.), pero sus caracteres de ave son escasos. Sin embargo, aunque sólo fuera porque tiene plumas (puede observarse su huella fosilizada en algunos especímenes conocidos hasta la fecha), el animal debe ser considerado sin lugar a dudas como un ave. Un ave muy primitiva, a juzgar por la mayoría de sus caracteres: no un ser mixto de reptil y ave. En realidad, sus rasgos reptilianos son todavía rasgos de dinosaurio. En el curso del jurásico, la selección de algunos caracteres óseos y la transformación de las escamas en plumas fue suficiente para hacer de este dinosaurio un ave.

La búsqueda de especies «mitad-mitad» no sólo está destinada al fracaso, sino que además resulta completamente ajena a lo que se sabe sobre la evolución. Una serie de ejemplos tomados del grupo con el que estoy más familiarizado, el de los proboscídeos, completarán la argumentación. Por extraño que pueda parecer, los elefantes actuales son parientes próximos de mamíferos acuáticos agrupados en el orden de los sirenios, más comúnmente llamados «vacas marinas» (no tienen nada que ver con los becerros marinos, que son focas, antaño muy comunes en el litoral atlántico). Las vacas marinas o sirenios están representados, por una parte, por los manatíes de las aguas dulces de África y América y, por otra parte, por el dugón del océano Índico. Estos animales presentan un cuerpo alargado, una cabeza maciza, aparentemente sin cuello, y miembros anteriores transformados en remos; han perdido sus miembros posteriores y están provistos de una aleta caudal.

Sería una empresa vana buscar en los estratos geológicos un ser mitad elefante mitad sirenio. En contrapartida, el estudio de los fósiles, rasgo por rasgo, ha permitido establecer que las primeras especies conocidas pertenecientes al orden de los sirenios y al orden de los proboscídeos tienen una antigüedad que se remonta a los 40 millones de años. La divergencia entre ellos es sin duda mucho más antigua. Estos animales vivieron en las orillas del antiguo mar de Tetis, un océano que, en aquella época, reunía el Atlántico y el océano Índico, separando África de Eurasia: efectivamente, la placa árabe-africana todavía no había colisionado con Eurasia. Los fósiles de los primeros proboscídeos se han descubierto en Egipto, en Libia, en Argelia; los de los sirenios se han hallado hasta en Jamaica. Ahora bien, las especies de proboscídeos de esta época no se parecen en nada a los elefantes. En cambio, los primeros sirenios resultan claramente más próximos a sus descendientes actuales. Más interesante aún: por numerosos caracteres osteológicos, en particular la estructura del cráneo, los primeros proboscídeos se parecen más a los primeros sirenios que a sus descendientes con aspecto de elefante.

Las conclusiones evolutivas son sencillas. Excepto por la adaptación a la natación, puede decirse que, en ciertos aspectos, los elefantes divergieron más del antepasado común que compartían con los sirenios de lo que lo hicieron estos últimos. El género de proboscídeo africano *Moeritherium*, de cráneo bajo y largo, dientes sencillos, cuerpo alargado y miembros cortos, no se parecía a un elefante. En conjunto, su cráneo estaba muy próximo al de un sirenio, pero algunos caracteres craneales muy sutiles, presentes sólo en los elefantes, bastan para identificar su naturaleza taxonómica. El proboscídeo más antiguo conocido representa por tanto una especie de intermediario entre elefantes y sirenios, pero no es mitad sirenio mitad elefante. Más aún, hace entre 30 y 40 millones de años, las primeras especies de proboscídeos conocidas en África y en la península Arábiga ya se habían diversificado y eran muy divergentes entre sí, señales ambas de una evolución más antigua que todavía se nos escapa.

Es difícil encontrar un denominador común entre estas primeras especies: por ello, algunos caracteres del cráneo y de los miembros adquieren un valor inestimable. Hace algunos años tuve ocasión de proponer un rasgo identificador clave para los proboscídeos: el hueso del tobillo, el astrágalo. Puede provocar una justa extrañeza que sea un carácter como el tobillo lo que permita reconocer a los primeros proboscídeos y no, por ejemplo, la trompa (o, al menos, las estructuras craneanas asociadas a ella). Pues bien, un criterio como éste, tan disimulado como pueda imaginarse en el vocabulario anatómico de la paleontología, no tendría el mérito de la evidencia. ¡Resulta que los primeros «portadores de trompa» carecían de trompa! Por si esto fuera poco, los primeros sirenios y los primeros proboscídeos, por el hecho de compartir numerosos caracteres aún no especializados, tampoco divergen mucho de otros mamíferos que vivían en la misma época. A partir de aquí es posible comprender por qué es tan difícil identificar a los primeros representantes de los grandes grupos. Si nos parecen muy distintos es sólo porque sus especies actuales han ido acumulado evoluciones morfológicas durante decenas de millones de años.

Puede incluso ocurrir que se descubran intermediarios en estado fósil sin que los parentescos entre grupos estén bien resueltos, como ilustra magníficamente el caso del origen de las ballenas. Los cetáceos son los mamíferos que más han divergido morfológicamente de la especie ancestral común a todos los mamíferos (mucho más de lo que lo ha hecho el *Homo sapiens*). A partir del eoceno (hace entre 53 y 34 millones de años), se encuentran ya los primeros cetáceos conocidos: se trata de animales marinos de gran tamaño que, aparentemente, no dejan entrever su origen terrestre. Por otra parte, las afinidades del grupo siguen siendo enigmáticas. Numerosos paleontólogos consideraban sin embargo —partiendo de investigaciones dentarias— que unas formas terrestres carnívoras, todas ellas extinguidas (llamadas mesoníchidos), podrían estar en el origen de los cetáceos. Se clasifica estos fósiles entre los condilartros, grupo próximo a los artiodáctilos. Actualmente los artiodáctilos, mamíferos herbívoros muy diversificados, agrupan a los cerdos, los hipopótamos, los camellos y las jirafas, los ciervos y los antílopes. En estos animales el eje de la mano y del pie pasa entre el tercero y el cuarto dedo, disposición única entre los mamíferos. Durante el verano de 1990, el paleontólogo americano Philip Gingerich y sus colaboradores daban a conocer el esqueleto del pie de uno de los primeros cetáceos. Se trataba de una gran primicia que demostraba, por sí sola, el pasado terrestre de estos animales y en la cual puede verse un magnífico intermediario. El animal medía 16 m de largo, el miembro posterior alcanzaba unos 50 cm. El eje del pie pasaba entre los dedos tercero y cuarto. Hermosa lección: el fósil acudía a la cita de las hipótesis de los paleontólogos.

Todavía hace unos cincuenta años se citaba como ejemplo de ruptura evolutiva absoluta el paso de los reptiles a los mamíferos. Si nos limitamos a los datos osteológicos, los mamíferos se singularizan principalmente por la existencia de huesecillos en el oído medio y, correlativamente, por una articulación completamente original entre la mandíbula inferior y el cráneo. Entre los amniotas fósiles, se conoce actualmente toda una serie de intermediarios —los reptiles mamiferoides— que presentan, en lo que concierne a estos caracteres, rasgos mamiferoides primero esbozados y luego afirmados. Dicho de otro modo, la transformación de la mandíbula inferior y la formación de los huesecillos de la oreja ya no son un misterio, sino uno de los más bellos ejemplos de evolución biológica que ofrecen los fósiles. Estos intermediarios vivieron desde el pérmico (hace 295 millones de años) hasta el jurásico (hace 205 millones de años), fecha en la que ya es posible identificar a los primeros mamíferos auténticos. El testimonio de los fósiles ha borrado, definitivamente, esta supuesta ruptura evolutiva.

Las especies intermediarias, los eslabones perdidos, tienen una existencia muy real, contrariamente a lo que a veces se dice y escribe. El único problema es que, la mayoría de las veces, no se busca lo que se debería buscar, porque estos intermediarios no halagan la intuición. Hay que ser sensible a los argumentos anatómicos para discernirlos y no siempre es fácil suprimir la imagen nefasta del ser «mitad-mitad». Sin embargo contamos con ejemplos esclarecedores. La célebre Lucy, la australopiteca de Afar que vivía hace más de tres millones de años en África, apenas sobrepasaba el metro de altura. Su mandíbula era robusta y tenía una poderosa dentadura. Su capacidad craneana tan sólo llegaba a los 400 cm^3, una miseria en comparación con los 1400 cm^3 del hombre actual. Sus brazos eran relativamente alargados y sus piernas cortas. Pero ya era bípeda: las piernas, las rodillas, la pelvis eran humanos. ¿Es posible imaginar un mejor intermediario entre el chimpancé y el hombre?

III. Los azares de la historia

No es raro que los manuales que tratan de la teoría de la evolución aborden la noción de contingencia, una noción que sin embargo ha suscitado siempre cierta desconfianza entre los evolucionistas. Tan sólo con la reciente obra de Stephen Jay Gould, *Vida maravillosa* [6], se descubre un verdadero monumento erigido en su honor. En esta obra, tras describir en términos de epopeya la fauna cámbrica de Burgess —de la que hemos hablado anteriormente—, Gould reivindica el papel de la historia en el panorama de las ciencias de la evolución. Está defendiendo así la opinión contraria a los hábitos epistemológicos que han inspirado a muchos

[6] Stephen Jay Gould: *Vida maravillosa: Burgess Shale y la naturaleza de la historia* (trad. española). Barcelona, Crítica, 1991.

evolucionistas una cierta condescendencia hacia las ciencias históricas; incluso llega a proponer la fórmula-eslogan: «sólo la historia».

En otro libro [7] tuve ocasión de desarrollar los aspectos específicos de la investigación filogenética, es decir, la construcción de los árboles genealógicos. Aquí sólo deseo comentar un punto. Estos árboles muestran las etapas de diversificación de los seres vivos en el transcurso del tiempo. Ahora bien, no ha existido más que una única historia evolutiva. Y el conocimiento, aunque sea parcial, de esta historia, revela la intervención del azar, el lado de contingencia, en los procesos de diversificación y de extinción de las especies. Tal esquema evolutivo sobre el origen del hombre concuerda con tales acontecimientos geológicos: cambiemos estos acontecimientos (climáticos, ecológicos o geográficos) y tendremos otro esquema ante los ojos. Un enfoque como éste relativiza considerablemente la búsqueda secular de las «leyes de la evolución», casi siempre, por otra parte, coronada por el fracaso. El aspecto predictivo de la teoría de la evolución tampoco sale bien parado de su enfrentamiento con el azar. He aquí por qué, durante mucho tiempo, los evolucionistas han negado a la contingencia el tratamiento que merecía por su papel en los acontecimientos genealógicos: ¡porque lanza un desafío a la experimentación! Sin embargo, lo que se sabe sobre la historia de la vida no está desprovisto de interés en

---

[7] Pascal Tassy: *L'arbre à remonter le temps.* París, Bourgois, 1991.

sí mismo, ni de implicaciones sobre el sentido de la existencia. Apoyándome en algunos ejemplos paleontológicos, me ceñiré aquí a la historia de la vida y al reino de las cosas tangibles al que se refiere Gould.

Por incompletos que puedan parecer, los árboles filogenéticos muestran imperturbablemente que los dos aspectos evolutivos capitales, diversificación taxonómica y extinción, son hechos muy reales y que están ligados a fenómenos geológicos (leáse extraterrestres, algo que discutiré más adelante). La historia de la Tierra y la historia de la vida son inseparables y, en cierta medida, la primera ha influido sobre la segunda. La diversidad y la extinción vienen a ser los motores responsables del despliegue del árbol de los seres vivos en el transcurso del tiempo, y los fósiles iluminan, a veces de forma excepcional, las historias evolutivas y el papel que en ellas han tenido los azares de la geografía.

Diversificación taxonómica y origen del hombre

A principios de 1991, el paleontólogo americano Christopher Beard y sus colaboradores hacían público el descubrimiento de varios cráneos de un pequeño primate norteamericano. Un trabajo de rutina paleontológica, habría podido pensarse, de no haber sido porque el fósil en cuestión era precisamente un primate, el orden de mamíferos al que pertenece el hombre.

Algunos meses antes, el paleontólogo francés Bernard Sigé y sus colaboradores habían descrito una decena de minúsculos dientes descubiertos en Marruecos que pertenecían también a un primate. Ambos primates, el americano y el marroquí, tenían una antigüedad de 50 millones de años. Lo que les unía no es, sin embargo, su edad, sino el puesto que ocupan en la evolución de los primates y, en consecuencia, en la del hombre. Estos dos descubrimientos revisten una singular importancia para quien desee comprender la historia de esta evolución.

Los cráneos del primate norteamericano, descubiertos en los sedimentos paleógenos de la era terciaria (concretamente del eoceno inferior) de Wyoming, pertenecían a la especie *Shoshonius cooperi*, hasta entonces sólo conocida a través de sus dientes. Estos cráneos medían tres centímetros de largo, pero su perfecta conservación permitió múltiples observaciones en detalle, principalmente en la región auditiva, una zona que reviste una gran importancia para los especialistas debido a su relativa estabilidad. Este análisis permitió determinar con bastante precisión la posición genealógica de la especie. El *Shoshonius* era un omomiído, un grupo sólo conocido en estado fósil y estrechamente emparentado con los tarseros actuales.

En este punto conviene hacer algunas precisiones taxonómicas. Los tarseros, pequeños primates nocturnos de grandes órbitas oculares que viven en los bosques del suroeste de Asia, presentan formas adaptadas al salto; el extremo de sus miembros posteriores —lo que se denomina tarso, de ahí el nombre de estos primates— es muy alargado. Muy escasos en la actualidad, estos animales ocupan en la evolución de los primates un lugar fundamental cuya determinación levantó vivas controversias. Actualmente se admite (basándose tanto en datos anatómicos como genéticos) que están estrechamente emparentados con los simios (se dice que son su «grupo hermano»). Simios y tarseros forman el grupo de los «haplorhinianos». El hombre mismo se clasifica entre los simios, es decir, según las diferentes nomenclaturas al uso, en los «simiiformes» o los «antropoideos», dos términos sinónimos.

Generalmente se consideraba que los omomiídos eran el tronco del que surgieron los tarseros modernos. La anatomía craneana del *Shoshonius* venía a confirmar esta hipótesis. Lo que es mejor, el *Shoshonius* resultaba ser el omomiído más próximo a los tarseros. Ahora bien, el tarsero más antiguo conocido cuya identificación ya no está sujeta a controversia, el *Tarsius thailandica*, había sido descrito por los paleontólogos franceses Léonard Ginsburg y Pierre Mein en el mioceno de Tailandia, es decir, en estratos 30 millones de años más recientes que el *Shoshonius*. Un vacío como éste subraya las lagunas de fosilización pero, afortunadamente, las comparaciones anatómicas permiten llenarlas en cierto modo.

Hechas estas puntualizaciones paleontológicas, podemos intentar ahora bosquejar un cuadro de la geografía del mundo tal y como se presentaba hace 50 millones de años. Actualmente, gracias a la tectónica de las placas, contamos con datos precisos.

Al norte, el Atlántico todavía no estaba totalmente abierto: América del Norte y Europa permanecían conectadas a través de la actual Groenlandia. El eoceno es el último período en el que ambos continentes forman una unidad, constituyendo el antiguo continente septentrional denominado Laurasia. Al sur, un océano, el Tetis, que reunía el Atlántico y el océano Índico, separaba África de Laurasia. Parece muy posible que el Tetis, a pesar de ser mucho menos ancho que el actual Atlántico, actuara a modo de barrera, favoreciendo así el aislamiento de las distintas poblaciones de vertebrados terrestres. No obstante, emersiones continentales temporales, particularmente a través de una placa llamada apuliana situada en el emplazamiento de la actual Italia, permitieron que una serie de animales franquearan esta barrera en uno y otro sentido. Aunque los contactos fueron raros y espaciados, bastaron para facilitar el asentamiento de faunas diferentes en las orillas norte y sur del Tetis, que evolucionarán independientemente. Más tarde, hace tan sólo 20 millones de años, las placas árabe-africana y la asiática entrarán en contacto e interrumpirán definitivamente el Tetis por el este (por el oeste quedará el Mediterráneo), abriendo el camino para intercambios faunísticos de gran amplitud.

En los años setenta, el paleontólogo francés Robert Hoffstetter propuso un esquema evolutivo biogeográfico donde el Tetis representaba un papel determinante en la subdivisión de los haplorhinianos en tarseros y simios. Todos los primates omomiídos y tarseros provenían del antiguo continente laurasiático: América del Norte, Europa, Asia; mientras que todos los simios eran africanos. La segregación geográfica habría permitido que cada grupo evolucionara independientemente en virtud de sus propias tendencias evolutivas, partiendo de antepasados comunes que se habían instalado desde hacía una decena de millones de años a uno y otro lado del Tetis.

La evaluación de este esquema acaparó numerosos trabajos. Las excavaciones realizadas en ambas orillas del antiguo Tetis fueron —y son todavía— particularmente activas. Por este motivo cada descubrimiento es minuciosamente analizado y discutido. ¿Nunca hubo tarseros en África? ¿Tuvo realmente algún papel el Tetis en la evolución de los primates y en la aparición de los simios?

Hace algunos años se publicó la descripción de un tarsero descubierto en Egipto en unos sedimentos de edad oligocena (unos 33 millones de años de antigüedad). La identificación taxonómica del animal, que había sido descrito a partir de un fragmento de mandíbula inferior, fue cuestionada inmediatamente: esta mandíbula habría pertenecido más bien a un simio. Efectivamente, se han encontrado antiguos simios —que vivieron hace entre 34 y 40 millones de años— en los sedimentos de la orilla sur del Tetis, en Argelia, en Egipto y en Omán, en la península Arábiga. Jamás se han descubierto en la orilla norte del Tetis. Estos simios fósiles, en particular los hallados recientemente en Omán por el paleontólogo francés Herbert Thomas, pueden considerarse como los antepasados de todos los simios, tanto de los africanos como de los que dejaron África en dirección a Eurasia y a América del Sur (más adelante volveré sobre este punto).

Si es cierto que tanto los omomiídos fósiles como los tarseros actuales constituyen el grupo hermano de los simios, el antepasado común a ambos grupos tuvo que vivir necesariamente antes que el primer representante de cada grupo, y si el primer omomiído fósil conocido tiene una antigüedad de 50 millones de años, el primer simio debía tener necesariamente la misma antigüedad. Los parentescos del omomiído *Shoshonius* condujeron a Beard y sus colaboradores a inferir que existía, por tanto, una laguna de más de 10 millones de años en el registro fósil de los simios, dado que los más antiguos simios conocidos no llegaban a los 40 millones de años.

Pues bien, los pequeños dientes del primate de Marruecos descritos por Bernard Sigé confirmaron esta conclusión más allá de cualquier expectativa. Eran mucho más antiguos (período paleoceno, entre 65 y 55 millones de años de antigüedad). Pero se atribuyeron a un omomiído, grupo que, como acabamos de ver, se desarrolló exclusivamente al norte del Tetis. ¿Había que replantear por tanto el esquema de la diferenciación de los simios? No necesariamente. En efecto, para Sigé y sus colaboradores, cualquiera que fuera su posición en la clasificación taxonómica, el *Altiatlasius* (puesto que tal fue el nombre que recibió este primate) estaba de hecho más próximo, genealógicamente hablando, a los simios. Lo que cuenta es la posición genealógica, más que las convenciones taxonómicas. El descubrimiento confirmaba por tanto la antigüedad de los simios y el lugar de origen del grupo, África. Obligaba incluso a considerar que la antigüedad de los simios era mayor de lo que se había supuesto.

Es cierto que no debe sobreestimarse la información aportada por unos cuantos dientes. Sin embargo, el estado actual de los conocimientos permite afirmar legítimamente, como mínimo, que el antiguo Tetis tuvo en efecto un papel importante en la diferenciación de los primates llamados haplorhinianos. Este grupo, cosmopolita en su origen, se subdividió en tarseros (en sentido amplio) al norte del Tetis y en simios al sur. Si la barrera no hubiera «funcionado», la evolución de los primates habría sido muy diferente.

Pero la influencia de los azares del entorno sobre la historia de los primates no termina con la aparición de los simios. Efectivamente, todo autoriza a pensar que la evolución del clima y de los hábitats producida a finales del mioceno (hace entre 10 y 5 millones de años) no dejó de tener consecuencias sobre el origen del hombre. Para anticiparnos sobre la conclusión, diremos que si la sequía no se hubiera extendido desde mediados del mioceno (hace aproximadamente 15 millones de años) sobre gran parte de las regiones tropicales, sin duda el hombre no estaría ahora sobre la superficie del planeta.

En efecto, durante el mioceno los densos bosques del Viejo y del Nuevo Mundo empezaron a ralear y hacerse más escasos debido a un enfriamiento general del clima. Numerosos mamíferos «respondieron» a esta apertura de los medios geográficos y a la extensión de las praderas y las sabanas. La evolución del caballo en América del Norte representa el ejemplo más conocido de este fenómeno. Partiendo de antepasados que habitaban los bosques y que se alimentaban de hojas, algunas especies penetraron en los nuevos medios abiertos. Los signos más evidentes de sus adaptaciones residen en los rasgos ligados a la alimentación y a la locomoción. La hierba (las gramíneas, que entonces aparecieron en la superficie del planeta), un alimento muy abrasivo, pasó a formar parte del régimen alimenticio de estos animales. Para compensar el desgaste de la dentición, los caballos de la pradera experimentaron un crecimiento en la altura de los molares, probablemente según un proceso clásico de selección natural. Este tipo adaptativo también resultó seleccionado de forma paralela en numerosos grupos de mamíferos, genealógicamente tan alejados como los antílopes y gacelas africanos de la actualidad o los gliptodontes fósiles, una versión gigante de los tatús o armadillos de América del Sur.

La respuesta de los simios a estas modificaciones del entorno fue tardía. Animales arborícolas, y en este sentido instintivamente conservadores, se aventuraron con infinitas precauciones fuera de los bosques. Como ya hemos visto, el cierre oriental del Tetis, que se hizo definitivo hace unos 18 millones de años, permitió unos intercambios faunísticos importantes entre África y Eurasia. Los proboscídeos (sobre todo los antepasados lejanos de los elefantes) fueron los primeros en aprovechar las nuevas conexiones terrestres. Los simios los siguieron unos dos o tres millones de años más tarde y se extendieron entonces por Eurasia. Entre estos simios figuraba ya la superfamilia de los hominoides, que agrupa al hombre, al chimpancé, al gorila, al orangután y a los gibones actuales. Me permitiré recordar, a modo de anécdota paleontológica, que el primer gran hominoide fósil fue descubierto en Francia, en el siglo XIX, en una cantera de Saint-Gaudens. Édouard Lartet (1801-1871), jurista convertido en paleontólogo, lo llamó *Dryopithecus*, el simio de los robles. El driopiteco era efectivamente un simio antropomorfo de hábitat cerrado, forestal. Entre los hominoides, la respuesta adaptativa a los medios abiertos fue el espesamiento del esmalte dentario. Este rasgo apareció en el linaje de la especie humana y entre los antropoides fósiles contemporáneos del *Dryophitecus*, los sivapitecos y los ramapitecos.

Hace unos doce años tuve la suerte de participar en una «cacería» de sivapitecos en la meseta de Potwar, en Pakistán. El primatólogo David Pilbean dirigía la expedición y yo me encontraba allí no por los simios, sino por los proboscídeos contemporáneos suyos, los «mastodontes». El momento estelar —y la gran sorpresa— de estas campañas de excavaciones fue el descubrimiento de una cara de sivapiteco: era casi la un pequeño orangután. Ahora bien, lo que se buscaba era un homínido. Por entonces, efectivamente, se pensaba que coexistían dos hominoides de sabana, el sivapiteco por un lado, y, por otro, el ramapiteco, más pequeño, al que se consideraba antepasado directo de los homínidos.

Estos animales, aunque son como el pan de cada día en el ámbito de la primatología, sólo se conocían entonces por fragmentos de mandíbulas y dientes aislados. Los numerosos descubrimientos realizados en la meseta de Potwar llevaron a los paleontólogos a cambiar resueltamente sus interpretaciones. El sivapiteco y el ramapiteco estaban más próximos entre sí de lo que se pensaba —tal vez pertenecían a la misma especie— y los rasgos hominiformes que presentaban no podían atribuirse a un parentesco estrecho con el linaje evolutivo humano, sino a simples convergencias. El espesor del esmalte dentario, que se consideraba característico de los homínidos, había aparecido por tanto, independientemente, en un linaje de primates antropoides adaptados a los medios abiertos y en el linaje de la especie humana. La publicación en 1982 de la cara del *Sivapitecus* daba un nuevo impulso a la investigación sobre el origen de los homínidos.

Tanto los paleontólogos como los especialistas en biología molecular coinciden actualmente sobre las afinidades del *Homo sapiens*. El hombre está emparentado estrechamente con los chimpancés y los gorilas actuales, es decir, con los grandes simios antropoides africanos. Los primeros fósiles humanos, los australopitecos, con una antigüedad de unos 4 millones de años, son igualmente africanos. Incluso si es conveniente no subestimar las lagunas del registro fósil, todo parece confirmar por tanto el origen africano de los homínidos. El paleoantropólogo francés Yves Coppens propuso una teoría ecológica, que denominó humorísticamente «East Side

Story»; esta teoría otorga a la Rift Valley, al este de África, un papel capital y decisivo en el surgimiento del hombre.

Hasta la fecha no se han encontrado restos fósiles probados de ningún chimpancé o gorila. Esto puede deberse a que estos animales arborícolas permanecieron acantonados en los bosques ecuatoriales, los mismos bosques en los que viviera el antepasado común que compartieron con el hombre. Ahora bien, las osamentas se fosilizan generalmente mal en este tipo de medio y, por otra parte, los afloramientos de sedimentos fosilíferos en la selva africana son muy escasos. A finales del mioceno, la actividad geodinámica del Rift africano había abierto una verdadera zanja en el paisaje, los volcanes bordeaban las fosas tectónicas. Al este del Rift, incluso a la altura del ecuador, los hábitats eran más secos y las sabanas se extendían hasta perderse en el horizonte. Al oeste persistía la selva húmeda. En las sabanas africanas fue donde el hombre dio sus primeros pasos, al igual que hicieron los sivapitecos de los que antes hablábamos. La suerte tan diferente que corrieron australopitecos y sivapitecos se debió probablemente a la bipedestación, aparecida entre los primeros. Pero si no se hubiera producido la aridificación de los hábitats, particularmente evidente en África oriental, ninguna especie africana de homínido se habría dejado tentar por la aventura fuera de los bosques.

Los fósiles de primates no son muy abundantes por regla general, lo son más los zoólogos, paleontólogos y paleoantropólogos interesados en ellos.

Por este motivo, las noticias de descubrimientos de primates fósiles se producen con una cierta regularidad. Pero para dar una idea exacta del volumen que ocupan los primates en las faunas fósiles, baste con señalar que en los dos yacimientos donde fueron descubiertos los cuatro cráneos del *Shoshonius* americano —de los que se hablaba anteriormente—, éstos no representaban más que una pequeña parte de una fauna en la que aparecían al menos otras 75 especies de mamíferos. El descubrimiento de un primate es siempre, por tanto, un acontecimiento señalable y señalado. He aquí por qué cuando en 1990 se anunció el hallazgo de un cráneo de hominoide en unos sedimentos fechados en unos 10 millones de años de antigüedad, la noticia tenía buenos motivos para causar sensación, sobre todo cuando su descubridor, el paleontólogo francés Louis de Bonis, lo presentó como el antepasado de los australopitecos. Pero lo más sorprendente era que este animal (llamado *Ouranopithecus*), anteriormente conocido por sus dientes y mandíbulas, vivía en la Macedonia griega, en medios abiertos ciertamente, pero lejos de la Rift Valley. El *Ouranopithecus* plantea dos preguntas fundamentales: ¿hay que considerar que la extensión de los antepasados de los australopitecos fue más oriental y septentrional aún de lo que se creía? Por el contrario, los caracteres de hominoide de sabana que presenta este animal, ¿son un caso de evolución paralela a la de la los homínidos, como sucedía con los sivapitecos, de los cuales sin embargo difiere claramente? Todavía no existe una respuesta definitiva. Cualquiera que sea, la aridificación de los hábitats sigue siendo responsable de la aparición del hombre.

Todavía no hemos terminado con el tema de la contingencia. Es posible que incluso la aparición del hombre moderno, el *Homo sapiens*, se deba a incidencias geográficas. Hace un millón de años, el *Homo erectus*, nuestro antepasado directo, estaba presente en todo el Viejo Mundo. Los primeros representantes conocidos de *Homo sapiens sapiens* se distribuyen al sur del Mediterráneo (desde Marruecos hasta el Oriente Próximo, incluido el este de África). En Oriente Próximo, por ejemplo, los hombres de Qafzeh, en Israel, descubiertos por el antropólogo francés Bernard Vandermeersch, fueron fechados en 90.000 años, primero por el análisis de los micromamíferos [8] fósiles presentes en los sedimentos y luego por dataciones absolutas. Después de 90.000 años el hombre no ha cambiado físicamente. Por la misma época vivían al norte del Mediterráneo los hombres de Neanderthal (*Homo sapiens neanderthalensis*), que ya poseían capacidad fisiológica para la comunicación verbal, como ha demostrado la paleoantropóloga francesa Anne-Marie Tillier. La zona de contacto entre estas dos poblaciones se situaba en el Oriente Próximo. Es muy posible que la sucesión de fases climáticas frías en

[8] Bajo la denominación de *micromamíferos* se reúnen cuatro órdenes de mamíferos de pequeño tamaño: roedores, lagomorfos, insectívoros y quirópteros. Sirven de referencia para precisar la edad de los sedimentos en los que se encuentran y suelen ser buenos indicadores de condiciones paleoambientales determinadas *(N. de la T.)*.

Europa occidental durante el cuaternario —con los cambios de paisajes que pueden imaginarse— hubiera aislado las dos poblaciones de *Homo sapiens* descendientes del *Homo erectus*, provocando la individualización de neanderthales al norte del Mediterráneo y de hombres modernos al sur. Sin estas circunstancias geográficas y climáticas, la fisonomía de los neanderthales y la del hombre actual habría sido tal vez otra muy distinta.

Los primates, oportunistas como cualquier ser vivo, han conservado las huellas de la historia del planeta. El origen del hombre es contingente, ya sea por la intervención del mar de Tetis, la aridificación de los hábitats al este de la Rift Valley, o las glaciaciones en Europa. Nada en la anatomía de los primates de la era terciaria permitía prever la aparición del hombre. Más aún, ninguna potencialidad evolutiva de los primates permite inferir que, de todas formas, en otras circunstancias, el hombre habría terminado por aparecer. La historia de los simios de América del Sur nos ofrece las claves de esta afirmación.

Retrocedamos nuevamente a ese período que se desarrolla hace unos 30 millones de años. En él se puede observar cómo se produce la diversificación de los primeros simios en África y, curiosamente, su llegada a América del Sur. Ahora bien, en esta época, América del Sur estaba aislada del resto del mundo: América Central todavía no existía y el Atlántico la separaba de África, un Atlántico ciertamente menos ancho que el actual, pero que no dejaba de ser un verdadero océano.

Los simios sudamericanos, llamados platirrinos, se parecían a los ateles o monos araña, a los monos aulladores, a los titís, los cuchumbés y a numerosas especies, todas ellas arborícolas. Los caminos que siguieron los simios para llegar a América Latina siguen siendo un enigma. ¿Su origen es norteamericano? En este caso tendrían que haber atravesado de algún modo el ancho brazo de mar que ahora es América Central: ahora bien, las corrientes de dirección este-oeste eran desfavorables. Además, jamás se ha descubierto ningún antepasado potencial de la especie en América del Norte: todos los primates exhumados en Norteamérica pertenecían a especies primitivas no emparentadas con los platirrinos. Sin embargo se sabe que, en la naturaleza actual, los platirrinos constituyen el grupo hermano de los monos del Viejo Mundo, los catarrinos. Resulta por tanto verosímil que los monos de América latina tengan un origen africano. Unos fósiles descubiertos en Egipto, los parapitecos, son sus posibles antepasados.

El registro fósil sudamericano es claro: los platirrinos irrumpían súbitamente en el panorama faunístico sudamericano durante el oligoceno, hace entre 30 y 24 millones de años, en compañía de roedores también emparentados con formas africanas. Eran los únicos mamíferos exóticos que a partir del terciario inferior aparecían entre faunas endémicas, es decir, entre faunas que evolucionaron *in situ*. Independientemente de su significado en la historia de los primates, podemos ver aquí un nuevo ejemplo del papel de la geografía en la evolución de los grupos. Excepto por esta incursión de monos y roedores hace 30 millones de años, América del Sur conoció durante cerca de 50 millones de años una evolución que podría calificarse de *in vitro*. Las faunas que se desarrollaron en ella eran totalmente originales. Perezosos y tatús son los supervivientes actuales de estas faunas sin equivalente.

Una de las hipótesis que se han barajado para explicar la presencia de monos y roedores de origen africano en América del Sur es que éstos hubieran realizado la travesía del Atlántico en una balsa natural: un trozo de ribera con vegetación arbórea, desgajado de un estuario africano, habría derivado del continente hasta alcanzar América del Sur. Este tipo de balsas se forman a veces en grandes estuarios como el del Amazonas, pero se dislocan al cabo de algunos centenares de kilómetros como mucho; la idea de un viaje transatlántico de tal naturaleza provoca algo más que admiración. Ciertos autores admiten que algunos islotes emergidos, cuyos vestigios geológicos se han descubierto, habrían podido servir de «estación de enlace» durante un periplo como éste. Pero no está muy claro que las condiciones de vida sobre unas islas oceánicas de origen volcánico hubieran sido propicias para la supervivencia de los primates.

Sea como fuere, el caso es que los simios platirrinos se diversificaron a partir de su primer representante oligoceno conocido, el género *Branisella* descrito por Robert Hoffstetter, y ocuparon todos los nichos ecológicos que ofrecía el medio forestal. Pero la aridificación de los hábitats golpeó igualmente a América del Sur. Ya he señalado que los gliptodontes, esos tatús gigantescos protegidos por una armadura rígida, se adaptaron a los medios abiertos desarrollando características dentarias paralelas a las que se observan en los caballos. El crecimiento continuo de los molares en los gliptodontes fue, por otra parte, realmente notable: sus dientes, de forma cilíndrica, alcanzaron una longitud de una decena de centímetros. Ahora bien, ¡ningún mono americano se adaptó a los medios abiertos, a diferencia de lo que sucedió en el Viejo Mundo! El «modelo» de homínido, o su prototipo próximo, no apareció: situados en condiciones ecológicas equiparables, estos simios no respondieron de la misma forma. Nada en los primates les predestinaba, por tanto, para dar origen a los homínidos.

Ante esta afirmación cabe, sin duda alguna, el derecho a la réplica. Se podría señalar que los catarrinos africanos habían adquirido manifiestamente unos caracteres desconocidos entre los primates de América del Sur. Estos caracteres van desde la osificación de la región auditiva a la fórmula dentaria (los catarrinos poseen 32 dientes: han perdido un premolar a cada lado de la mandíbula). También podría añadirse que algunos rasgos de los catarrinos han evolucionado únicamente entre los homínidos. El más evidente de ellos reside sin duda en la pérdida de la cola. En los fósiles de hominoides fósiles de antigüedad inferior a los 20 millones de años podrían citarse incluso otros caracteres osteológicos más sutiles. Pero todos estos atributos han aparecido entre especies arborícolas, especies que evidentemente no habían podido prever que su linaje estaría llamado un día a evolucionar en medios abiertos. En resumidas cuentas, desde una perspectiva finalista, se podría ver en todos estos caracteres diferenciales unas «potencialidades» asimilables a un sustrato que implique evoluciones futuras inevitables. Pero, por mi parte, sólo veo en ello la herencia acumulada a partir de especies ancestrales: el fruto de la historia, no la preparación para el advenimiento de los homínidos.

La ascendencia del hombre aparece vinculada por lo tanto a factores contingentes singularmente prosaicos. Posición de los continentes, presencia o ausencia de barreras, variaciones climáticas —y sin duda una multitud de pequeños acontecimientos aleatorios que se nos escapan en detalle—, parecen tener mucha más importancia sobre la evolución de los seres vivos que las «potencialidades evolutivas» atribuidas a tal o cual grupo.

Dinosaurios y extinciones en masa

Diversificación y extinción forman una pareja inseparable. Pero los factores de evolución se han simplificado con demasiada frecuencia para reducirlos al repoblamiento de un nicho ecológico, que ha dejado vacante la extinción de una especie (perteneciente a un grupo dado), por otra especie (perteneciente a otro grupo) adaptada a condiciones semejantes. No se trata de poner en duda la realidad de este fenómeno, pero no es tan automático como en ocasiones se pretende. Por otra parte, conviene establecer una diferencia precisa entre la extinción que engendra diversidad, y la extinción en sentido estricto, aquella que reduce la diversidad sin apelación posible. Una especie que desaparece porque da origen a especies hijas (especiación) produce diversidad (¡más que extinguirse, se transforma!). Una especie eliminada sin descendencia, como consecuencia de diversas transformaciones del medio, entra ya verdaderamente dentro del concepto de extinción.

Las extinciones en masa constituyen un tipo particular. Lo que las define es lo siguiente: que una gran parte de las especies que viven en una época dada, y que pertenecen a diferentes grupos taxonómicos, desaparecen simultáneamente. Ello implica una ruptura del equilibrio ecológico armónico, y ya no es posible recurrir a la competición entre especies para explicar estas extinciones, sino que, por el contrario, deben invocarse factores extrínsecos superiores.

Considerando la dilatada historia del planeta, las extinciones en masa no son fenómenos excepcionales y, en la actualidad, la investigación de sus causas apasiona a un gran número de paleontólogos, de geólogos y de geofísicos. Al referirse a estos períodos de extinciones, Gould habló de «diezma» [9]: la

---

[9] S. J. Gould utiliza los términos *diezma* y *diezmar* por alusión a cierto castigo ejemplar consistente en ejecutar a una persona de cada diez, cuya identidad se echaba a suertes. Con

extinción de las especies no tenía que ver forzosamente con alguna debilidad adaptativa, muchas veces desaparecían simplemente por azar, por pura mala suerte: ¡les había tocado la china! Este punto de vista bastante radical no representa a la opinión dominante en la profesión, pero surge de una reflexión sobre la noción de progreso, tal y como es concebida y utilizada en las ciencias de la evolución. Por ello considero necesario hacer un breve paréntesis para concretar el concepto de adaptación, mal comprendido con demasiada frecuencia.

La adaptación es simplemente una virtud transitoria. Las especies se adaptan a un medio en continua transformación. Basta con una alteración brusca del medio para que una especie vinculada a dicho medio desaparezca. Explicar este fenómeno como una defectuosa adaptación de la especie en cuestión al nuevo entorno es simple tautología, pues no se hace más que repetir que la especie extinguida estaba ligada al entorno precedente. El considerar las adaptaciones en el mundo vivo y fósil como un «apaño» improvisado —punto de vista al cual me suscribo— o, por el contrario, como el minucioso trabajo de reparación de un relojero, pertenece más bien al dominio de la subjetividad. Lo que los árboles filogenéticos nos muestran es algo parecido a una carrera de persecución entre los seres vivos y las fluctuaciones del medio. Y en estos casos, para ganar, el apaño improvisado suele ser la mejor so-

---

ello pretende poner de relieve el carácter aleatorio de las extinciones *(N. de la T.)*.

lución. De todo ello se deduce que es difícil asociar a la carrera de la evolución una noción de «progreso».

El funesto destino de los dinosaurios no ha dejado de fascinar a cualquiera que haya examinado la historia de la vida. Estos animales se diversificaron en el transcurso de 150 millones de años. A lo largo de este impresionante período, desaparecieron unos linajes evolutivos, otros surgieron. Los mayores dinosaurios —y los más conocidos, como el *Diplodocus*— se extinguieron en el jurásico, pero otras líneas de descendientes les sustituyeron sobre el planeta. ¿Cuáles son las causas de la extinción de los dinosaurios a finales del cretácico, hace 65 millones de años? ¿Por qué cesó la producción de nuevas especies? ¿Por qué desaparecieron otros grupos en la misma época? ¿En qué se habían «adaptado mejor» los grupos supervivientes?

Desde hace una decena de años, la cobertura de los temas paleontológicos en los medios de comunicación ha hecho de la extinción de estos «terribles saurios» su materia predilecta. Ello ha motivado que el interés por los dinosaurios, tan antiguo como la propia paleontología, se haya reavivado y extendido considerablemente. Tal éxito no se debió verdaderamente a los trabajos de los paleontólogos, sino al de los físicos. En el umbral de la década de los ochenta, el físico norteamericano Luis Álvarez (1911-1988) y su equipo, que incluía particularmente a su hijo Walter, descubrieron una elevación anormal en la tasa de iridio de sedimentos situados en el límite entre el cretácico y la era terciaria (el límite

K-T, o C-T, como dicen los especialistas). Por entonces estaba generalmente admitido que el enriquecimiento de un sedimento en iridio, mineral escaso en la superficie del planeta, sólo podía tener un origen extraterrestre. De ahí surgió la hipótesis, en lo sucesivo bien conocida, del impacto de un asteroide (o de un cometa) contra la Tierra hace unos 65 millones de años, que habría incendiado la superficie de los continentes, proyectando a la atmósfera una inmensa nube de polvo. Esta última, al impedir que los rayos del sol alcanzaran la superficie de la Tierra, habría provocando un descenso brutal de la temperatura, el bloqueo de la fotosíntesis, y precipitaciones frías en forma de lluvia ácida que se habrían abatido sobre el planeta. Este precoz «invierno nuclear» *avant la lettre* habría destruido la vida sobre la tierra. Dentro de este esquema, la principal fase de extinciones habría durado tan sólo de uno a diez años y, en total, habrían bastado de mil a cinco mil años para barrer de la superficie de mares y continentes a dinosaurios y otras especies de la era secundaria. En la escala de los tiempos geológicos, éste sería sin duda un acontecimiento instantáneo.

El esquema catastrofista y la cronología propuestos por Álvarez y su equipo han sufrido desde entonces algunos retoques, pero antes de comentarlos, y de ver si realmente es ésta la única hipótesis a considerar, habría que plantear una pregunta crucial: ¿qué tienen que decir los fósiles al respecto? Y no sólo sobre esta hipótesis en concreto, sino sobre el concepto mismo de extinción en masa, considerado como una extinción total: ¿concuerda realmente con los datos paleontológicos? La asociación del concepto de extinción con los dinosaurios, completamente desaparecidos, y el hecho de que jamás se haya descubierto ningún dinosaurio en terrenos de la era terciaria o cuaternaria, parecen autorizar una respuesta afirmativa. Sería precipitada. Si uno se toma la molestia de echar una mirada al conjunto de seres vivos que poblaban océanos y continentes a finales del cretácico, podrá ver que la vida no se detuvo de un día para otro. O, si se prefiere, la imagen según la cual los seres vivos, desbordados por lo que se les venía encima, habrían desaparecido prácticamente todos excepto algunas especies, en especial los mamíferos —a partir de los cuales el proceso evolutivo habría recobrado sus derechos—, es sencillamente falsa.

Resumamos en dos palabras los datos paleontológicos: la extinción en masa de finales del cretácico tan sólo afecta a un 15 % de las familias de animales que vivían en aquella época. Desde un punto de vista biológico no está nada mal, pero no es un resultado estadísticamente muy halagüeño para confirmar la imagen de una catástrofe general. Mamíferos, aves, lagartos, serpientes, cocodrilos, tortugas, anfibios, no fueron afectados por esta «extinción en masa». Todos estos grupos, presentes en aquella época, siguen estando presentes en la actualidad. En los mares, briozoos, braquiópodos, lamelibranquios, gasterópodos, equinodermos y crustáceos tampoco resultaron muy castigados por los fenómenos de extinciones. Esto no significa que no haya desaparecido ninguna de las especies pertenecientes a estos grupos. La precisión es importante: los seres que responden a las variaciones del entorno, ya sean debidas a factores terrestres o extraterrestres, son individuos, no categorías de clasificación. En cualquier caso, las estadísticas más numerosas se realizan sobre niveles taxonómicos inferiores, como las familias y los géneros, que reúnen un número muy variable de especies. Por ejemplo, aunque ninguna familia de tortugas o de cocodrilos desapareció en el límite K-T, entre un 15 y un 30% de los géneros pertenecientes a estas familias se extinguieron en aquella época. Los peces óseos no desaparecieron, pero en el cretácico superior se extinguieron 11 familias de las 85 entonces existentes (es decir, un 13%: la extinción en masa, para el especialista, es algo relativo). En lo que respecta a la vida en los mares, se han extraído algunas estimaciones estadísticas del registro de las familias fósiles marinas publicado por el paleontólogo americano John Sepkoski en 1982. Según estos datos, durante el mismo período desaparecieron un tercio de las familias marinas entonces existentes. Hay que señalar que, basándose en este mismo trabajo, se propuso un modelo general para explicar la periodicidad de las extinciones en masa —y no solamente la extinción producida a finales del cretácico—, aspecto sobre el que volveré más adelante.

Pero aunque es cierto que los datos aportados por estas generalizaciones taxonómicas no deben ser obviados, no es menos evidente que grupos enteros se extinguieron, lo mismo que sucedió con los dinosaurios. Para tener una idea de la amplitud del problema, conviene plantearse dos preguntas relativas una al número de especies afectadas y otra al ritmo de las extinciones: ¿Se extinguieron muchos grupos? La extinción en masa, ¿fue realmente súbita o más bien gradual?

El trabajo que el paleontólogo americano Robert Sullivan publicó en 1987 sobre los reptiles está relacionado con estas cuestiones. En su obra, un verdadero trabajo de benedictino, registraba los distintos grupos de reptiles conocidos, a lo largo de un período que abarcaba desde el cretácico superior hasta el paleoceno, en el terciario inferior (de 87,5 a 54 millones de años). El análisis se condujo al nivel taxonómico más pequeño posible, llegando incluso hasta el número de especímenes fósiles recogidos hasta la fecha. De este modo se analizaron 44 familias de reptiles representadas en esta época, así como siete especies fósiles que no se sabía clasificar. En resumen, resultó que en el límite K-T desapareció un 20% de estas familias. De estas 44 familias, 20 pertenecen a cinco grandes grupos no representados en la naturaleza actual, totalmente extintos: los dinosaurios, los pterosaurios (reptiles voladores), los ictiosaurios y los plesiosaurios (reptiles marinos), y los campsosáuridos. Los campsosaurios tuvieron un destino tan fascinante como el de los dinosaurios, pero no tienen el mismo éxito popular. Estos saurios semiacuáticos medían tres metros de largo. Su aspecto recordaba al de los cocodrilos. El cráneo estaba provisto de un largo hocico y la región temporal estaba extremadamente extendida.

¿Qué nos revela la paleontología? Los campsosaurios atravesaron sin problemas el límite K-T y sólo se extinguieron hacia finales del paleoceno, es decir, nueve millones de años después del supuesto choque del asteroide. Los ictiosaurios y los plesiosaurios (cada grupo representado por una sola familia) eran ya muy escasos en el cretácico superior y se extinguieron en el campaniense, es decir, al menos ocho millones de años antes de producirse el eventual impacto del asteroide. De las dos familias existentes de pterosaurios, uno no sobrepasó el campaniense, mientras que la otra, desaparecida efectivamente en el límite K-T, sólo estaba representada por tres especies.

En cuanto a los famosos dinosaurios, están representados en el cretácico superior por 15 familias, a las deben añadirse cuatro especies de afinidades inciertas, cada una conocida en un sólo yacimiento (su escasa representación obliga a excluirlas, por tanto, de cualquier análisis estadístico sobre las modalidades de extinción). De las 15 familias registradas, sólo ocho desaparecieron en el límite K-T; dos se extinguieron cuatro millones de años antes, tres desaparecieron seis millones de años antes, y la extinción de las dos últimas se remonta al campaniense y al santoniense, es decir, sería entre 15 y 20 millones de años anterior al límite K-T. La extinción instantánea de los dinosaurios no afecta, por tanto, más que a ocho familias, lo que no es poco, ya que representa un 53 % de las familias entonces existentes. Pero estas ocho familias —los últimos dinosaurios— sólo reunían a 12 especies durante los últimos tres millones de años del cretácico (es decir, el maastrichtiense superior). Una cantidad tan exigua no tiene ningún equivalente con el número de especies de dinosaurios que vivieron en épocas anteriores. En efecto, si se examinan los pisos anteriores del cretácico superior por períodos equivalentes de tres millones de años, se pueden enumerar de 80 a 40 especies, según los pisos. Los dinosaurios, por tanto, empezaron a escasear en las faunas terrestres mucho antes del límite K-T.

Es cierto que carecemos de datos fósiles sobre todos los dinosaurios que llegaron a existir y, además, Sullivan sólo registró las especies del Nuevo Mundo. En cualquier tipo de análisis estadístico es preciso contar con datos suficientemente representativos y no cabe duda de que las lagunas de fosilización plantean un problema en este sentido, por lo que se debe extremar la prudencia cuando se comparan restos escasos. Por ejemplo, de las 12 últimas especies de dinosaurios conocidas, sólo tres habían ofrecido, hasta 1987, más de 10 especímenes. Sin embargo, la importancia de este factor de desviación puede relativizarse en el sentido en que, estadísticamente hablando, la muestra fósil de los últimos dinosaurios, en el maastrichtiense superior, equivale a la del maastrichtiense inferior o a épocas precedentes del cretácico superior. Aún admitiendo que los paleontólogos no han descubierto todas las especies de dinosaurios que vivían en esta época, esto es igualmente cierto para los períodos anteriores. Para que los fósiles nos confundan sistemáticamente a este respecto, sería preciso que los descubrimientos realizados para el maastrichtiense superior y las épocas precedentes no reflejasen la cantidad real de especies en las mismas proporciones: no existe ninguna razón para pensarlo.

Hay que relacionar el trabajo de Sullivan con el de los paleontólogos americanos William Clemens y David Archibald, autores de un detallado estudio sobre la estratigrafía de las formaciones norteamericanas, esencialmente de la de Montana —muy ricas en dinosaurios y otras especies continentales—, completado con un registro de las fechas de extinción de los diversos grupos. De estos trabajos, muy precisos, se desprendía la imagen de un declive progresivo de los dinosaurios. Dado que estos análisis se refieren a yacimientos del continente americano, sería temerario extender sus conclusiones a todo el planeta, de no ser porque unos yacimientos paleontológicos de Mongolia ofrecen un resultado comparable. En estos yacimientos, las faunas de dinosaurios más recientes, correspondientes al maastrichtiense superior, presentan una diversidad menor que las que aparecen en el nivel inferior del mismo piso y en los pisos anteriores, más antiguos. Desgraciadamente, las formaciones geológicas del cretácico superior lo suficientemente importantes para permitir análisis detallados no son tan numerosas como sería de desear.

Los análisis actuales muestran, localmente, un declive progresivo del grupo; nada permite afirmar que las extinciones de los dinosaurios se produjeran al mismo tiempo en todo el planeta. De hecho, la desaparición de los dinosaurios se va escalonando a lo largo de todo el maastrichtiense, es decir, en el transcurso de unos 10 millones de años. Si se recuerda que tres especies de pterosaurios desaparecieron igualmente en el límite K-T, la supuesta hecatombe extraterrestre sólo habría afectado por tanto a unas 15 especies. Comentando los resultados de Sullivan, el paleontólogo británico Michael Benton, especialista en dinosaurios y en los procesos de diversificación/extinción, dejó caer esta observación irónica: «¿Acaso la pérdida de 15 especies de reptiles en tres millones de años es una extinción en masa catastrófica?». Aun contando con el descubrimiento de nuevas especies que obliguen a revisar estos análisis estadísticos, la imagen de una catástrofe global que barriera de un plumazo al grupo de los dinosaurios parece bastante alejada de la realidad, a juzgar por los datos actuales. Para comprender las modalidades de extinciones de seres vivos, el número de especies y de individuos cuenta mucho más que las generalizaciones taxonómicas.

Observemos ahora otras formas de vida en el mismo período conflictivo. Entre las plantas, por ejemplo, no se detectan fenómenos de extinciones en el límite cretácico-terciario. En contrapartida, se producen reajustes ecológicos locales. En América del Norte y en Japón, justo después del límite K-T, abundan los pólenes de helechos, lo que a veces se interpreta como una nueva y rápida colonización de los continentes después de un período turbulento.

Los fósiles de invertebrados marinos proporcionan una imagen tan contrastada como la que pudo esbozarse partiendo de los reptiles. Se ha podido estimar que un 45% de las especies marinas flotantes y un 20% de las especies que vivían en el fondo de los mares habían desaparecido a finales del cretácico. Por regla general, los fósiles marinos son mucho más abundantes que los terrestres. Resulta por tanto bastante más sencillo detectar su importancia relativa en los sucesivos cortes estratigráficos. El factor de desviación que introducía la escasez de vertebrados terrestres en los análisis anteriores puede ser obviado en este caso. Es cierto que numerosos grupos marinos se extinguieron en el cretácico superior. Pero la mayoría de los especialistas coinciden en que su extinción es más bien de tipo gradual, no catastrófica: estos grupos se vuelven progresivamente más escasos en transcurso del maastrichtiense a lo largo de 15 millones de años, y sus últimos representantes no llegan al límite K-T, es decir, al sedimento de iridio que rubrica el eventual impacto del asteroide.

Los ammonites (cefalópodos como el pulpo), muy conocidos por los coleccionistas, constituyen el grupo más popular de los invertebrados fósiles marinos. Estaban provistos de una concha como el nautilo, su pariente actual, auténtico «fósil viviente». Cuando era estudiante, me enseñaron que los ammonites habían desaparecido completamente a finales de la era secundaria y que su destino corría parejo al de los dinosaurios. Ahora bien, la extinción de los ammonites es un fenómeno gradual que se efectúa a lo largo de todo el cretácico superior, y sus últimos representantes desaparecieron antes del límite K-T. Su extinción en masa no fue instantánea. Mismo esquema para los belemnites, otro grupo de cefalópodos fósiles. Los inoceramos, del grupo de los lamelibranquios, se extinguieron efectivamente en el límite K-T, pero ellos también fueron desapareciendo gradualmente durante los últimos ocho millones de años del cretácico. Otro grupo de moluscos, los rudistas, animales constructores de arrecifes, fue igualmente diezmado a finales del cretácico. Algunos de ellos alcanzaron un tamaño gigantesco, como el justamente llamado *Titanosarcolites giganteus*, que llegaba a los dos metros de largo. Los rudistas vivían en aguas tropicales poco profundas y eran muy abundantes en el maastrichtiense. La mayoría habían desaparecido de uno a dos millones de años antes del límite K-T: los últimos rudistas víctimas de la extinción en masa eran escasos y poco diversos.

En cambio, en la microfauna planctónica sí se observan extinciones verdaderamente catastróficas cuya simultaneidad en toda la superficie del planeta no ofrece duda alguna. El microplancton marino quedó reducido a sus dos terceras partes. Los foraminíferos planctónicos decrecieron de forma espectacular: de las 36 especies representadas a finales del cretácico, sólo sobrevivió una a principios de la era terciaria. El plancton ocupa el primer lugar en la cadena alimentaria marina y su escasez progresiva tuvo necesariamente efectos sensibles sobre los otros grupos del medio. No sin razón Álvarez y su equipo relacionaron en primer lugar los efectos del supuesto impacto del asteroide con la extinción de las especies planctónicas. Pero la complejidad y la diversidad de los fenómenos de extinciones que tuvieron lugar a finales del cretácico, el hecho bien demostrado de que no hubo una extinción global simultánea, ni para los diferentes fósiles marinos ni para los terrestres, explica que la mayoría de los paleontólogos no quedaran convencidos en absoluto por la hipótesis catastrofista del choque de un asteroide o de un cometa. Excepto el plancton, todos los grupos que se extinguieron a finales del maastrichtiense habían experimentado un declive progresivo que puede calificarse de lento, en la medida en que un período que abarca de tres a diez millones de años es largo desde el punto de vista de los fenómenos biológicos. En lo referente a los dinosaurios, el paleontólogo americano Stephen Jay Gould resumió la situación presentando el efecto del asteroide asesino como un «golpe de gracia» asestado sobre un grupo ya muy debilitado. Por ello, la investigación de las causas de tal debilitamiento tiene tanta importancia como la naturaleza del golpe de gracia.

Para otros paleontólogos, el efecto de las grandes regresiones marinas de finales del cretácico basta para explicar la extinción de los dinosaurios y la de los otros grupos terrestres y marinos. A partir de la década de los sesenta, el paleontólogo francés Léonard Ginsburg se erigió en defensor de esta teoría, que se distingue de las que invocan causas extraterrestres por el hecho de que se apoya sobre un fenómeno aceptado por todos. Todo el problema consiste en saber si las regresiones marinas de finales del cretácico tuvieron un impacto climático suficiente, en todo el planeta, para provocar estas extinciones en cadena sobre océanos y continentes. La variación del nivel de los mares y la sucesión de transgresiones y regresiones marinas en la superficie del globo, fenómenos conocidos desde hace tiempo, se encuentran en el origen mismo de la geología. El sistema de la cronología geológica consiste en una sucesión de episodios que comienzan por una transgresión marina y terminan con una regresión.

La importancia de las regresiones del cretácico superior fue considerable, especialmente en el maastrichtiense, donde el nivel del mar descendió 150 metros. Un acontecimiento como éste desencadenó necesariamente reajustes climáticos y ecológicos que no dejarían de tener efecto sobre las poblaciones marinas y terrestres. La zona nerítica pericontinental —que alberga una gran parte de la fauna marina— se redujo considerablemente, lo que pudo ser fatal para los ammonites y los belemnites. Las regresiones marinas tuvieron efectos climáticos considerables, provocando la reducción de la humedad ambiental y un descenso generalizado de las temperaturas, seguidos de un recalentamiento. Tales variaciones climáticas pudieron resultar nefastas para los dinosaurios, si se les atribuye la misma sensibilidad térmica que poseen los otros reptiles. Pero, como ya se ha visto, otros grupos de reptiles no desaparecieron en el límite K-T: los animales de pequeño tamaño, que se sabe que hivernaron sin sufrir daños, demostraron mayor resistencia. Por ejemplo, el grupo de los rincocéfalos (parecidos a gruesos lagartos), que se individualizó incluso antes de la desaparición de los dinosaurios, no sólo no se extinguió sino que todavía está representado actualmente. Una especie superviviente —el *sphenodon* moteado o tuátara— vive actualmente en Nueva Zelanda. Pues bien, resulta ser el reptil actual que manifiesta menos necesidad de calor; sigue siendo muy activo incluso cuando la temperatura ambiente desciende hasta los 9°C. En cambio, resulta más difícil atribuir la disminución espectacular del número de especies planctónicas al descenso de las temperaturas. El clima en el maastrichtiense estuvo sometido a una «estacionalidad marcada», sin duda sin precedentes, pero no a un enfriamiento catastrófico.

Queda una de las cuestiones más fascinantes relacionadas con los fenómenos de extinciones de finales de la era secundaria: la vulnerabilidad de los dinosaurios. Aunque sus últimos representantes sólo contaran con una docena de especies, ¿por qué sucumbieron todas? ¿Fueron tan difíciles las condiciones climáticas? Si el enfriamiento de las temperaturas y el descenso de la humedad atmosférica les perjudicaban, ¿por qué no resistieron en las regiones tropicales y ecuatoriales, menos afectadas por los azares climáticos? Siempre se ha dicho que los mamíferos atravesaron triunfalmente el límite K-T, asegurando así un futuro radiante a tan estimable grupo (porque casualmente nos incluye). Sin embargo, el estudio de las formas que representan a este grupo halladas junto a los dinosaurios de los emplazamientos norteamericanos, ha revelado desapariciones sucesivas de numerosas especies de mamíferos. Lo que sucedió fue que los «vacíos» dejados por las extinciones fueron llenados de forma paralela por la aparición de nuevas especies, que siguieron existiendo durante la era terciaria. Por esta razón los mamíferos no parecen afectados, a primera vista, por el fenómeno de las extinciones. Por el contrario, los dinosaurios de finales del maastrichtiense no engendraron nuevas especies: su especiación fue nula.

La investigación de las condiciones paleobiológicas parece ser el método más productivo para aclarar las causas de estas extinciones, de amplitud muy variable según los grupos. ¡Qué remedio!: este estudio es simultáneamente más complejo y menos espectacular que la invocación a la llegada súbita e instantánea de un asteroide. No se trata de negar *a priori* la posibilidad de un impacto meteorítico a finales del cretácico. Pero no cabe duda de que los dinosaurios, como probablemente la mayoría de los otros grupos que se extinguieron, padecían a finales del maastrichtiense un «estrés ecológico», según la festiva definición de los paleontólogos americanos William Clemens y David Archibald.

Por lo demás, los partidarios de las teorías catastrofistas ya no niegan este estrés ecológico, que estaría relacionado con fenómenos anteriores al límite K-T: la rapidez de las caídas meteóricas (asteroide o cometa) ya no sería tan «rápida» como se pretendía. Unos esquemas catastrofistas, a los que Walter Álvarez se adhirió en 1987, suponen que el «acontecimiento» extraterrestre provocó extinciones en masa durante más de tres millones de años. Una de las razones de este viraje está relacionada con la velocidad de acumulación del iridio, que según se opina actualmente fue menos rápida de lo que se había pensado y habría podido durar 500.000 años, tal como ha propuesto el físico francés Robert Rocchia.

Según el nuevo esquema catastrofista, unas lluvias de cometas habrían caído sobre la tierra durante períodos que irían de uno a tres millones de años, y esta pulsación cometaria habría originado las diferentes fases de extinción registradas a lo largo del cretácico superior. Puede verse aquí una alianza entre la hipótesis del impacto único y súbito y los modelos llamados gradualistas, según los cuales las extinciones tuvieron lugar durante cerca de 10 millones de años. La teoría inicial del choque del asteroide conserva actualmente el favor de los medios de comunicación: ahora que está admitido que fue una lluvia de cometas, y no un único asteroide, lo que se abatió sobre el planeta, se mencionan las investigaciones sobre el rastro del impacto del asteroide en México, en el Yucatán, o en el mar al sur de Cuba. Las alteraciones que ha podido padecer la teoría catastrofista inicial en manos de los medios de comunicación no tienen nada que envidiar a los reajustes que en ella ha introducido Walter Álvarez, uno de sus principales impulsores.

Otros autores, geoquímicos y geofísicos, como el francés Vincent Courtillot, se vuelven hacia los volcanes para buscar en ellos la causa última de estas extinciones. Contrariamente a lo que se pensaba, el enriquecimiento en iridio de los sedimentos del límite K-T podría ser de origen terrestre e imputable a fenómenos de vulcanismo. En efecto, se ha comprobado que los volcanes de las islas Hawai y los del archipiélago de la Reunión producen iridio. Existen pruebas de que en épocas pasadas existió un vulcanismo parecido al hawaiano. Los «*trapps*» del Decán, región meridional de la India cuya superficie supera la de Francia, son un inmenso charco basáltico originado por una inundación de lavas líquidas. Según Courtillot y su equipo, este vulcanismo de lavas fluidas, de tipo hawaiano, actuó durante 500.000 años. Pero el vulcanismo hawaiano no emite cantidades demasiado considerables de polvo a la atmósfera. Según este esquema, a diferencia del esquema cometario, no podría contarse por lo tanto con un oscurecimiento de la atmósfera susceptible de provocar las lluvias ácidas. Sería entonces la acidificación de la superficie de los océanos derivada de la emisión de gas sulfuroso la que, al producir estas lluvias, habría matado al plancton y desencadenado las catástrofes climáticas que afectarían a los otros grupos extinguidos. Desgraciadamente para esta teoría, todavía no se han encontrado rastros de iridio en las lavas del Decán.

¡Hay que ver la de cosas que debieron ocurrir durante el maastrichtiense! ¡Desde luego, parece que las especies que atravesaron sin problemas el límite K-T tuvieron muchísimo mérito! Pero conviene recordar que, como ya se ha señalado a propósito de los mamíferos, si bien es cierto que en el maastrichtiense desaparecieron especies, también en él hicieron su aparición otras nuevas. Según los cálculos de Michael Benton, entre los vertebrados, 18 nuevas familias de peces aparecieron entonces, y 21 de tetrápodos: unos auténticos pioneros.

En este marco, la particular vulnerabilidad de los últimos dinosaurios sigue requiriendo, sin embargo, un estudio más detallado. Todavía hoy en día, los datos más completos que poseemos sobre las faunas de finales del cretácico no sólo se circunscriben al continente norteamericano, sino que provienen sobre todo de Montana. Extrapolar a escala mundial el ritmo de extinción de los dinosaurios partiendo de estos datos locales resulta más que temerario. También es preciso proseguir con estudios minuciosos sobre las tasas de sedimentación en las diferentes formaciones maastrichtienses que se conocen en el mundo, con el fin de eliminar el factor de desviación que introducen las lagunas de sedimentación. Registrar los efectos locales de las grandes regresiones marinas y elucidar la sucesión de los ecosistemas de finales del cretácico son empresas largas y laboriosas. Queda todavía por realizar un inmenso trabajo paleontológico a escala mundial si se quiere comprender el mecanismo de las extinciones de finales del cretácico.

Mastodontes y estrés ecológico

La necesidad del estudio detallado de los datos paleobiológicos puede ser ilustrado con un caso, a una escala muy distinta, al cual me he dedicado particularmente: el de la desaparición, hace unos 10.000 años, de un gran mamífero, el mastodonte americano (*Mammut americanum* para los especialistas).

Esta especie, conocida en América del Norte desde hace tres millones y medio de años, pertenecía, al igual que los elefantes actuales, al orden de los proboscídeos. Es el último representante de la familia de los mamútidos, que se diferenció en África hace 22 millones de años. El esqueleto del mastodonte americano es más robusto, alargado y bajo que el del elefante. Numerosos caracteres anatómicos minúsculos permiten distinguir los restos óseos del mastodonte de los de los elefantes y, más particularmente, de los de su contemporáneo el mamut. La morfología de los molares es totalmente diferente: es imposible que incluso alguien no iniciado se equivoque al identificar los dientes de estos animales.

Con mi colega Jeffrey Saunders, paleontólogo americano que ha exhumado —entre otros hallazgos— una cantidad impresionante de estos mastodontes americanos en Missouri, estudié la evolución de estos animales cuyos molares, en comparación con los del elefante, apenas experimentaron modificaciones al cabo de 22 millones de años. Los yacimientos descubiertos por Saunders no sólo ofrecieron mastodontes: las excavaciones sacaron a la luz numerosas especies animales y vegetales. Los análisis de la fauna y de la flora realizados por Saunders y J. E. King permiten reconstruir una secuencia cronológica precisa cuyo inicio se sitúa hace

130.000 años. De este modo se pudo estudiar detalladamente los cambios sucedidos en el entorno y confrontarlos con el destino del mastodonte americano. En el pleistoceno (hace entre 1,6 millones de años y 10.000 de años), período en el que se produjeron numerosas oscilaciones climáticas, las fases de clima templado o cálido sucedieron a las fases glaciares de clima riguroso. En América del Norte, el casquete glaciar se centraba sobre la bahía de Hudson. Las fluctuaciones de los límites del glaciar a lo largo de las alternancias climáticas vinieron acompañadas de bruscos cambios en los entornos. Los bosques abiertos formados por pinos y árboles de hoja caduca (especialmente robles) corresponden a fases menos frías, mientras que los bosques donde predominan las piceas representan, por el contrario, fases muy rigurosas. Ha sido posible seguir detalladamente el retroceso de las tundras y de los bosques periglaciares de piceas, que seguían a los hielos en su retirada hasta los inmensos lagos periglaciares, entre los que destacan los actuales Grandes Lagos. Un esquema preciso, que contempla los últimos 26.000 años de esta región, nos permite seguir prácticamente paso a paso el destino del mastodonte americano.

Se observa en primer lugar que el mastodonte se aviene particularmente bien con el clima riguroso que caracterizó las fases glaciares. Se le encuentra en abundancia en los bosques de piceas, que representaban su entorno óptimo. Hace 15.000 años, los bosques de piceas comenzaron a ser cada vez más escasos en la región de los Grandes Lagos, y las poblaciones de *Mammut americanum* siguieron el retroceso de estos bosques hasta que se produjo, hace 12.000 años, el recalentamiento brusco del clima. Los bosques de piceas, islotes diseminados en amplias regiones menos favorables, se convirtieron en refugios ecológicos para los mastodontes. Puede decirse, por tanto, que las últimas poblaciones de mastodontes presentaban una distribución insular: cuando desaparecieron las últimas «islas», hace 11.000 años, desaparecieron con ellas los últimos mastodontes. Con el recalentamiento climático final, los bosques de piceas fueron sustituidos por bosques de especies caducifolias. A diferencia de los cambios climáticos y ecológicos más antiguos, cuyo ritmo permitió una respuesta adaptativa de los mastodontes, los acontecimientos de finales del pleistoceno se sucedieron con demasiada rapidez para que el proceso adaptativo tuviera oportunidad de expresarse de nuevo.

Este esquema, apoyado principalmente en un conocimiento muy preciso de la distribución de los paisajes que se sucedieron en el curso del pleistoceno, explica la extinción del mastodonte americano por un fenómeno de aislamiento ecológico. Un estrés ecológico intenso durante un período de tres a cuatro mil años basta en este caso para explicar la desaparición de una especie. Aunque esta extinción se produce en un margen de tiempo bastante corto, no puede hablarse en absoluto de un acontecimiento catastrófico: las últimas fluctuaciones climáticas —en millares de años— fueron rápidas sin ser instantáneas desde un punto de vista biológico.

Todavía no se ha conseguido llegar a tal precisión en el análisis de la evolución de los entornos en las últimas etapas del cretácico superior. Si en algún momento se consiguiera demostrar que los últimos dinosaurios desaparecieron, como los últimos mastodontes, en un período de tres a cuatro mil años, ¿podríamos considerar que se trata de un acontecimiento instantáneo simplemente porque se halla muy alejado de nosotros? Tres mil años hace 65 millones de años, o tres mil años hace 15.000 años, siguen siendo tres mil años.

Con este ejemplo no pretendo hacer entender, por analogía, que también los dinosaurios hayan sido víctimas de un fenómeno de aislamiento ecológico. Se trata simplemente de subrayar la complejidad de los fenómenos biológicos que pueden intervenir en el destino de unas poblaciones animales. Los dinosaurios no son la excepción a la regla.

Muchos géneros de mamíferos desaparecieron a finales del pleistoceno y, en relación con estas extinciones que marcaron el final de las glaciaciones, se ha llegado a hablar de revolución prehistórica. Imaginemos que todos los enormes mamíferos de la época glaciar hubieran estado clasificados en un mismo grupo, en función, por ejemplo, de su tamaño descomunal. Con el mastodonte americano, el mamut, el león de las cavernas, el oso de las cavernas, la hiena de las cavernas, el gran ciervo de las turberas, el rinoceronte lanudo, el perezoso terrestre gigante y numerosos mamíferos específicamente americanos, sería fácil alcanzar, y aún superar, el número de los últimos dinosaurios registrados en América del Norte. Y todos ellos desaparecieron a finales del pleistoceno. Conclusión: un «grupo» entero extinguido instantáneamente en el pleistoceno superior. Un acontecimiento capital, sin duda.

Es posible que el ejemplo parezca algo tirado por los pelos, pero una caricatura exagerada como ésta permite establecer una analogía con el problema del final de los dinosaurios. La extinción de un grupo taxonómico sólo tiene sentido si se trata de un grupo natural, es decir, si engloba a especies que comparten la misma historia genealógica. Ahora bien, si se quiere considerar a los dinosaurios como un grupo natural... ¡habría que incluir en él a las aves! Estas últimas descienden, en efecto, de pequeños dinosaurios corredores de dieta carnívora del jurásico. No puede considerarse que un grupo natural está extinto si una de sus ramas manifiesta un gran dinamismo evolutivo, como sucede con las aves. El hecho de que se suela clasificar a esta rama fuera de los dinosaurios por diversas razones (la principal de las cuales es que los grupos zoológicos clasificados no son necesariamente naturales) no cambia en nada la cuestión. Desde un punto de vista estrictamente genealógico, los dinosaurios no están extinguidos, ya que todavía existen bajo la forma de aves. Este argumento puramente lógico no presenta ningún fallo argumentativo, pero no convencerá a nadie, porque aquello que se corresponde con la imagen estandarizada de los dinosaurios ha desaparecido por completo.

En realidad, la fascinación que ejerce la desaparición de los dinosaurios en el común de las gentes responde a que estos animales desempeñan el papel de uno de los grandes mitos de los tiempos modernos. Poco importa el destino del plancton, o el de los inoceramos, o, por el contrario, la excelente salud de los campsosaurios. Ni aun siquiera la suerte de tal o cual especie de dinosaurio, del *Pachycephalosaurus wyomingensis* o del *Ankylosaurus magniventris*. Lo que importa es la extinción del dinosaurio arquetípico, el monstruo, el que ha reemplazado en la imaginación colectiva al dragón de los Tiempos Oscuros. Cualesquiera que sean las argucias paleontológicas sobre la taxonomía o el ritmo de las extinciones, el dinosaurio ha desaparecido, nadie sabe cómo ha sido. Descanse en paz.

El rebrote de esta cuestión, prácticamente tan antigua como la primera identificación de los dinosaurios, procede de una sutil y eficaz combinación: la atracción irresistible por el espacio y los fenómenos extraterrestres, por una parte, y el veredicto de la física —ciencia que se halla por encima de toda sospecha—, por otra. En los años ochenta, en los que tanto se habló del Big Bang, todo tenía que provenir del espacio: tanto la vida (aferrada a un meteorito) como la muerte (la de los dinosaurios). La teoría del asteroide, por otra parte, había sido precedida a finales de la década de los sesenta por otra teoría «cósmica», la de la supernova, que vivió sus momentos de gloria en los años setenta. Según esta teoría, la explosión de una supernova habría diezmado a los dinosaurios por bombardeo de rayos X y de rayos ultravioletas. La teoría del asteroide tuvo más éxito, en parte sin duda porque venía avalada por el prestigio de Luis Álvarez, premio Nobel de física. En sus escritos, este último no se privó de insistir sobre la superioridad intrínseca de los trabajos de los físicos: entre otras grandes virtudes, los físicos poseen las de saber razonar y experimentar. Álvarez no dudó en afirmar en 1983 que ya estaba demostrado el choque del asteroide, y su efecto devastador sobre *la vida en los mares*, ni tuvo empacho en comparar a los escépticos a su teoría con cierto geólogo que sigue sin admitir, pese a la evidencia, la deriva de los continentes. Los paleontólogos, aferrados con uñas, dientes y desesperación a una visión gradualista de los fenómenos geológicos, resultaban, decididamente, demasiado chapados a la antigua. Sin embargo, las primeras objeciones vinieron, como ya se ha visto, de la propia física. El enriquecimiento en iridio a finales del cretácico habría sido de mucha mayor duración. Por otra parte, se descubrió al poco tiempo otro estrato rico en iridio, que se fechó en 2,3 millones de años (plioceno): no estaba asociado a una extinción en masa.

Pero fueron unos paleontólogos americanos, David Raup y John Sepkoski, quienes llegaron más lejos. Analizaron la distribución de todas las familias de animales marinos reconocidas desde el cámbrico, partiendo del compendio realizado por Sepkoski en 1982. El resultado, publicado en 1984, fue una cronología inesperada de las extinciones en masa: éstas se producirían cada 26 millones de años. ¡Tal regularidad sólo podía deberse a factores cósmicos! Esta teoría tuvo sus partidarios. Y también sus detractores, bastante convincentes en mi opinión, que argumentaron sobre bases tanto estadísticas como taxonómicas. Por ejemplo, los paleontólogos británicos Colin Patterson y Andrew Smith mostraron que, en lo que respecta a los peces y los equinodermos (erizos y estrellas de mar) —ambos están especializados respectivamente en la evolución de estos grupos—, sólo un 25 % de las extinciones postuladas concernían a grupos naturales, y podían, en este sentido, considerarse reales. La conclusión era bastante crítica: la periodicidad era un mero ruido de fondo (al menos en lo que respecta a los dos grupos analizados). En cuanto a las formas terrestres, tampoco confirmaron la hipótesis propuesta por Raup y Sepkoski. Es cierto que se han identificado numerosos períodos de extinciones en masa (pero no necesariamente instantáneas) a lo largo de toda la historia del globo terrestre. La más importante es la ocurrida a finales del pérmico, hace 245 millones de años, en la cual Sepkoski estimó que desaparecieron cerca del 90% de las especies marinas (a su lado, la extinción en masa de finales del cretácico resulta bastante modesta). Pero la tesis central, la regularidad de los fenómenos de extinción, queda por demostrar. De hecho, Raup y Sepkoski, después de una serie de discusiones estadísticas muy densas, concluyeron con elegancia en 1988 que la hipótesis de la periodicidad de las extinciones se fundaba sobre inferencias estadísticas extraídas de datos confusos, de modo que no podía ser confirmada ni rebatida de un modo verdaderamente satisfactorio. No hubieran podido expresarlo mejor.

Del rápido examen aquí bosquejado sobre fenómenos tales como las diversificaciones, las adaptaciones, las extinciones, se desprende por su propio peso una conclusión simple sobre los azares de la historia. La relatividad de la noción de adaptación, las extinciones en masa, y, por regla general, los esquemas evolutivos fruto de las investigaciones filogenéticas, no corroboran la noción de progreso. Que las regresiones marinas de finales del cretácico hayan bastado para producir un enfriamiento del clima o que un asteroide o lluvias de cometas hubieran rematado la acción devastadora de los trastornos climáticos, no contribuye a explicar a qué obedece la «mejor adaptación» de los supervivientes y la supuesta inferioridad de los perdedores.

A Gould no se le escapó un último ejemplo. Ya hemos visto que el plancton había sido diezmado en el maastrichtiense. Pero no desapareció por completo. Las diatomeas, componentes vegetales del plancton, consiguieron atravesar el temible límite cretácico-terciario. Se sabe que, cuando las condiciones se vuelven desfavorables y escasean las fuentes de alimento, las diatomeas cambian de forma, se convierten en esporas con el metabolismo «congelado» y descienden a las profundidades. Tal vez sea esta facultad, apunta Gould, la que les permitió superar sin dificultad las perturbaciones climáticas de finales del cretácico (sobre todo si el modelo del «invierno nuclear» resulta ser correcto). Pero, en cualquier caso, el hecho de cambiar de estado no podría asimilarse a un progreso; no por extinguirse la parte del plancton que desapareció era «inferior» a la que consiguió sobrevivir. Carecemos de la más mínima prueba —ni siquiera la sombra de una prueba— de que los perdedores, en el momento de la gran diezma, fueran sistemáticamente inferiores a los supervivientes por su organización anatómica, afirma Gould al referirse a las extinciones de la era primaria.

Se comprende que la hipótesis de una causa extraterrestre de la extinción en masa del cretácico resulte particularmente seductora para cualquiera que, al igual que Gould, desconfíe de la noción de progreso evolutivo. Con su estilo directo, Gould insiste: «Creo que no hace falta decir que si una extinción en masa funciona como una auténtica lotería en la que cada grupo tiene un billete sin ninguna relación con sus aptitudes biológicas, entonces la contingencia va a intervenir de lleno en el proceso.» Desde luego, nada puede ser más aleatorio que el choque de un meteoro, y ese bombardeo ciego hace caso omiso de las pretendidas desigualdades adaptativas entre especies. Pero el lector habrá comprendido que, para el paleontólogo que soy, lo primordial sigue siendo la especificidad de las desapariciones producidas a finales del cretácico, tanto como las sucedidas en otros períodos de extinciones en masa: ¿quién desaparece?, ¿cómo?, ¿a qué ritmo? Y las respuestas a estas preguntas sólo puede aportarlas el estudio de los fósiles. Quede como corolario que el éxito de un tema científico en los medios de comunicación no debe convertirse en criterio principal para la elección de los objetos de investigación, a riesgo de caer, si no en la ciencia-ficción, sí al menos en la «ciencia-espectáculo».

IV. El último mensaje

Actualmente, los investigadores no se deciden a mencionar una dimensión esencial en su profesión: el placer. La imagen del investigador inclinado sobre su mesa de trabajo o sobre el microscopio, dialogando imperturbablemente con su ordenador —con las teclas por intermediario— y, por lo general, protegido por su bata blanca, transmite un carácter grave y aplicado donde la seriedad habría desalojado cualquier aspecto lúdico. El placer no parece ser un concepto vigente en los informes de actividad de los investigadores. Ahora bien, la investigación es también acto de creación donde, necesariamente, el júbilo tiene un puesto reservado. La paleontología no es una excepción. Aunque ya no resulta tan frecuente oír que la función de la investigación es el simple avance de los conocimientos (¿no estará ya irremediablemente obsoleta esta noción?), es preciso recordar que sin el placer de buscar y de descubrir, no habría avances en investigación pura. Se puede justificar la investigación paleontológica por la necesidad de fechar los terrenos para futuras prospecciones de hidrocarburos, o bien la de conservar el patrimonio (los archivos del planeta), pero el aspecto esencial del trabajo del paleontólogo sigue siendo, en mi opinión, el placer de descubrir.

El placer del paleontólogo

La evolución de los seres vivos no deja de sorprender. A partir de ahora sabemos muchas cosas sobre la historia de la vida que ignoraban Lamarck, Cuvier o Darwin. Pero, al mismo tiempo, si pensamos en esos más de 3.500 millones de años de historia, en la multitud de acontecimientos que produjeron la evolución de decenas de millones de especies, hemos de reconocer que no sabemos nada. Descubrir dispositivos anatómicos hasta entonces desconocidos, resolver un problema que afecta al ritmo evolutivo o a las afinidades genealógicas de tal o cual grupo, participan del placer último del paleontólogo. La construcción de un problema filogenético —lo que en la jerga se denomina construir un «cladograma»— es un trabajo arduo. Para nueve especies cuyos parentescos se quieren establecer bajo la forma de un árbol dicotómico, existen más de dos millones de combinaciones posibles.

El examen laborioso de los caracteres, apuntados para cada una de las especies, desemboca —a veces con ayuda de la herramienta informática— en el descubrimiento de la solución que da cuenta de forma óptima de las distintas observaciones. Se ilumina entonces todo un fragmento de la historia de la vida. Este momento produce una satisfacción intensa, silenciosa y solitaria. Pues sí, ¡puede suceder que el investigador sea un monstruo de egoísmo!

Descubrir fósiles parece un placer que podría calificarse de elemental, pero no seré yo quien subestime su importancia. Se trata del placer inicial del paleontólogo, que por otra parte comparte con todos los aficionados a los fósiles. ¿Cómo negar que el hecho de exhumar los restos de un ser que vivió millones de años antes de la aparición del *Homo sapiens* supone una sorpresa siempre renovada? Pero en el profesional —cuyo objetivo final es compartir conocimientos y no acumular objetos— se encuentra otra dimensión en la búsqueda de los fósiles: la prospección. Actualmente, las técnicas de excavación paleontológicas, inspiradas en gran medida en los métodos elaborados por los prehistoriadores, no tienen ya nada que ver con la práctica de los primeros paleontólogos. La cuchilla y el pincel se utilizan más a menudo que el pico. Esto es particularmente exacto en paleontología de los vertebrados. En efecto, los restos fósiles de los vertebrados son a la vez más escasos y más difíciles de extraer que los de los invertebrados. Sobre el terreno, un hueso, y con mayor razón un esqueleto, plantean problemas más complejos que una concha.

Puede pensarse sin duda que una excavación paleontológica es un acto de destrucción del entorno: allí donde existía una verde colina o un barranco escarpado, no queda sino un flanco reventado de donde se han retirado las osamentas fósiles. Para no ser acusado de vandalismo, el paleontólogo tiene interés por restituir la totalidad de lo descubierto a las instituciones científicas que le financian. La totalidad: la información científica, que aparecerá en forma de publicaciones, y los propios objetos descubiertos. Totalidad rima con integridad. Los fósiles han de ser entregados tal y como se han descubierto: la excavación no debe aumentar el deterioro natural ocasionado por el tiempo. En las colecciones públicas, ya estén expuestos al público o bien en depósito para fines de consulta exclusivamente científicos, los fósiles deben presentarse tal como han aparecido ante el paleontólogo. Por este motivo las técnicas de prospección son actualmente muy elaboradas.

Ayer, el paleontólogo pagaba a unos obreros que hacían avanzar el frente de corte de la excavación. Cuando aparecía un fósil, se extraía y se le llevaba entero al paleontólogo o, más frecuentemente, lo que quedaba de él. El paleontólogo lo examinaba y, si lo consideraba útil, lo embalaba para trasladarlo al laboratorio, donde procedía a su estudio. Este tiempo ha pasado. Ahora, muchas veces de hecho por falta de fondos —pero de la necesidad se puede hacer virtud—, el investigador lo hace todo: maneja el pico, la pala, la paleta, el martillo y el cincel, la cuchilla, el pincel, el punzón, y numerosos instrumentos de dentista para la extracción más delicada, la fase de afinado de las muestras. La exhumación de fósiles se convierte en una actividad casi artística. Existe innegablemente una cierta belleza en la disposición de las osamentas fósiles que van saliendo a la luz, poco a poco, en la misma posición que tenían cuando se produjo su enterramiento definitivo: el suelo antiguo reaparece millones de años después. Preparar un fósil sobre el terreno produce un doble placer, estético y científico. En la misma excavación, a medida que se van identificando los hallazgos, se resuelven problemas técnicos que dependen de la calidad del sedimento y de la solidez de propio fósil. Actualmente, visitar una excavación paleontológica no supone por tanto recorrer un terreno removido sembrado de montones de arena o de grava, sino descubrir un suelo antiguo, lago, pantano, canal o viejo meandro, que ofrece sus restos fósiles, como una página de historia lentamente descifrada.

La «belleza» de una excavación, el placer estético e intelectual que proporciona la revelación ordenada y armoniosa del pasado, responde por tanto a una necesidad científica: belleza y utilidad van unidas en este caso. Porque sólo una excavación limpia, precisa, puede poner de relieve las condiciones de depósito y de fosilización, la naturaleza de las acumulaciones de los restos. Sólo ella nos informa sobre el significado del yacimiento fosilífero: depósito instantáneo, acumulación progresiva durante largos períodos de tiempo, acumulación irregular, alteraciones de posición de los restos antes de la sepultura definitiva. Todo ello es repertoriado y la posición de cada fósil se marca sobre el plano del yacimiento. Ya no estamos en la época en la que se escogían los mejores especímenes o aquellos que se juzgaban significativos *a priori*. Todo esto permite saber si el factor de desviación introducido por los azares de la fosilización es importante, si la muestra es representativa de la fauna global que vivía en la época o sólo de un biotopo particular y restringido. La «tafonomía», ciencia en pleno auge, se centra precisamente en las condiciones de depósito de los restos fósiles, estudiando con la mayor minuciosidad todo aquello que sirva para aclarar las relaciones entre el fósil y su entorno: naturaleza de los sedimentos, disposición estratigráfica de los fósiles y naturaleza de sus fisuras u otras marcas susceptibles de aportar información adicional.

La exhumación de un «bello ejemplar» sigue siendo un placer sin igual. He realizado «batidas» de mastodontes un poco por todas partes, desde la región de Gers, en la Gascuña francesa, hasta Pakistán, desde Israel hasta Bulgaria. Sin embargo, los mejores especímenes que jamás he descubierto resultaron ser los más próximos, yacían bajo las luminosas colinas del Gers. Ahora, en el momento en que estoy escribiendo estas páginas, prácticamente se cumplen los diecisiete años del día en que descubrí mi primer fósil de envergadura. Ese momento sigue siendo un recuerdo privilegiado.

Bajo los trigales de la región de Simorre, en el Gers, el paleontólogo puede descubrir los restos de grandes mamíferos que poblaban Francia hace unos

15 millones de años. Los sedimentos depositados por los grandes ríos que entonces descendían de los Pirineos actuaron como eficaces «trampas para fósiles». Bajo el trigo reposa la antigua ribera o, más exactamente, la arena y las gravas fluviales de ríos antiguos con sus osamentas fósiles. Llevábamos varios días excavando arenas finas en el lugar llamado En Péjouan, sin haber hecho ningún descubrimiento de importancia, cuando mi paleta tropezó contra un objeto duro que, a la primera pincelada, brilló al sol. Una superficie plana de esmalte marrón rojizo, perfectamente lisa, aparecía bajo la arena. Acababa de encontrar sin ninguna duda una defensa de mastodonte.

Las defensas son unos incisivos de crecimiento continuo. Como los incisivos de todos los mamíferos, los de los primeros proboscídeos estaban recubiertos por una capa de esmalte que protegía el marfil. En el curso de la evolución de los proboscídeos, la capa de esmalte se fue reduciendo poco a poco hasta terminar desapareciendo en los elefantes. A decir verdad, en los elefantes muy jóvenes las defensas están aún recubiertas de esmalte. En efecto, la producción de esmalte resulta indispensable para la formación y posterior erupción del diente; pero una vez que el incisivo se ha asentado, la producción de esmalte se interrumpe muy rápidamente. Por este motivo, en los elefantes, el marfil es visible en toda la superficie de las defensas. En los mastodontes que esperaba descubrir, el esmalte persistía en los adultos bajo la forma de una franja lateral. Dos pasadas más de pincel, y la punta de la defensa, con la anchura total de la franja de esmalte, apareció ante mis ojos: se trataba de una defensa de adulto. Fui despejando el espécimen hacia atrás: no se trataba de un fragmento, sino de una defensa entera, o al menos, muy completa. Fotografié el objeto tal como se presentaba.

Pero no podía conformarme con dientes aislados; las defensas o los molares de mastodontes no son raros en los museos de historia natural. Los cráneos enteros —infinitamente más escasos— eran mi objetivo. En los mastodontes primitivos, las defensas están orientadas hacia abajo y hacia fuera. La franja de esmalte gira ligeramente en torno a la defensa formando una bella hélice apenas esbozada: su disposición es ventral en la parte delantera y lateral a media longitud. Tal como se presentaba, el diente era una defensa derecha vista ventralmente. Comencé a despejar con el pincel la zona donde debía situarse la defensa izquierda, por si, por fortuna, hubiera topado con un cráneo. Una punta de defensa, perfectamente simétrica, asomó de entre la arena. Ya sentía cómo me inundaba el júbilo. Pero faltaba la prueba definitiva: el descubrimiento de los molares. Unas defensas asociadas a un paladar implican necesariamente la presencia de un cráneo completamente conservado. Justo donde debían encontrarse los molares acababa la superficie de excavación.

El yacimiento se encontraba en el flanco de una colina, en un terreno inclinado orientado de lleno hacia el suroeste. Habíamos hecho venir una excavadora para retirar la tierra de cultivo y alcanzar el nivel fosilífero arenoso, que se distribuía horizontalmente. De esta manera se acondicionó una superficie de 100 m^2. Gracias a la encomiable amabilidad del dueño de las tierras, no tan frecuente en estos casos, pudimos trabajar sobre un terreno que, en principio, estaba reservado a la agricultura. El descubrimiento se situaba en el extremo sureste de la excavación. En este lugar, la capa arenosa fosilífera estaba recubierta por cerca de dos metros de tierra cultivable. Despejé febrilmente el nivel arenoso que se encontraba en la base del frente de corte: los molares aparecieron. Primero el segundo molar derecho, luego el segundo molar izquierdo. Se trataba efectivamente de un cráneo completo. Los dos molares estaban muy gastados: tenía ante mí el cráneo de un adulto. En efecto, la identificación del número de orden de los molares permite conocer, en los elefantes y en los mastodontes, la edad del individuo portador. A diferencia de los restantes mamíferos y de los proboscídeos más primitivos, en un mastodonte los premolares y los molares no siempre van asociados a lo largo de la vida del animal. Tras la erupción y el uso, los dientes son expulsados uno después de otro. Cuando el último molar (el tercero: la muela del juicio) ocupa su lugar correspondiente en la mandíbula, los premolares han sido expulsados, los primeros molares están muy desgastados o también han sido expulsados, y los segundos molares están gastados. En los elefantes el proceso es el mismo, pero más simplificado: los premolares han desaparecido y los molares se conservan durante toda la vida del individuo, es decir, tres muelas de leche —no reemplazadas por premolares— y tres molares definitivos a cada lado de la mandíbula. El cráneo que había descubierto carecía de premolares y molares, y los segundos molares estaban desgastados: pertenecían por tanto a un adulto.

En el yacimiento, echamos las campanas al vuelo. Pero muy pronto hubo que rendirse a la evidencia: sacar ese cráneo exigía ampliar la línea de corte. Después de proteger lo que afloraba, nos lanzamos, armados de pala y pico, al ataque de un buen metro de tierra cultivable que se inclinaba sobre la capa fosilífera. El alcalde del pueblo, que había venido para ver el progreso de las excavaciones, llegó incluso a echarnos una mano (debía partir al día siguiente y quería ver a toda costa qué pinta tenía tan antiguo cráneo). Pero éste iba a ser un trabajo largo y laborioso, y llegó la noche sin que apareciera nada más del mastodonte. Hicimos volver al día siguiente a la excavadora, que amplió la superficie del terreno hacia el sureste. La excavación del nivel fosilífero se reanudó inmediatamente y, poco a poco, fue apareciendo el contorno del cráneo. El paladar estaba íntegramente conservado, con los últimos molares ya asentados. Faltaba la base posterior del cráneo, con las regiones auditivas. El cráneo yacía sobre su parte superior y, siguiendo un proceso clásico, cuando se produjo el enterramiento del animal hace 15 millones de años, la parte del cráneo que estuvo más tiempo al descubierto se fue deteriorando hasta desintegrarse bajo los embates de la erosión.

Poco a poco, a medida que iba emergiendo, el cráneo era consolidado a base de cola líquida. Recubierto de papel pegado, fue a continuación «escayolado». La arena presenta la ventaja de que es fácil de excavar, pero frecuentemente los fósiles que contiene están poco mineralizados y son muy frágiles, sobre todo si existen filtraciones de agua en el terreno. El hueso, húmedo, puede quebrarse o desmenuzarse. Si bien la extracción propiamente dicha es un trabajo de campo, la preparación de las muestras sobre el terreno es imposible: el fósil debe ser trasladado a un lugar apropiado, donde se continuará la labor de desbaste y afinado. Entonces se hace necesario construir una especie de cascarón por medio de bandas enyesadas, que se disponen en torno al espécimen, para protegerlo durante el transporte. A continuación se le da la vuelta (una operación delicada: si el yeso no está bien conseguido, se vacía y el espécimen se pierde) y ya puede ser trasladado sin peligro. Con mi colega Christian de Muizon, recorrimos las granjas de los contornos en busca de trozos viejos de rastras para armar la escayola. Invertimos días enteros en rematar, pulir y perfeccionar el cascarón. Terminada la misión, se le dio la vuelta, no sin trabajo, pero sin daños. Fue éste un gran momento de alegría: todos sabíamos que el precioso espécimen estaba a salvo. La excavadora lo alzó del suelo, encadenado a su pala, y lo depositó en el camión que llevaría al laboratorio el material exhumado durante la campaña de excavaciones. En total, el objeto (cráneo, sedimento y yeso) no pesaba menos de 650 kilos.

En el laboratorio de que disponíamos en el Museo Nacional de Historia Natural, en París, nos pusimos nuevamente manos a la obra. En esta segunda fase de extracción, nos centramos en la parte superior del cráneo. Con ayuda del punzón los relieves óseos del cráneo podían ser despejados en sus menores detalles. A medida que iban siendo eliminados los restos de matriz que todavía tenía adheridos, veía perfilarse ante mis ojos la estructura de las fosas nasales, las órbitas oculares, los premaxilares donde se engastaban las pesadas defensas.

La especie a la que pertenecía este ejemplar había sido identificada por primera vez por Cuvier, en 1806, partiendo de unos molares que procedían precisamente de la región de Simorre. La llamó el mastodonte de dientes estrechos. Su historia se funde por tanto con la de la paleontología de los vertebrados. Pero Cuvier no conoció de esta especie más que dientes aislados. Jamás se había descrito ningún cráneo. Desde hacía más de dos siglos se sabía que la región de Simorre contenía restos fósiles. No fuimos hasta allí por casualidad. Hace todavía algunos decenios, en tiempo de labranza, los labradores que seguían a sus bueyes podían distinguir fácilmente los restos de osamentas que había levantado la reja del arado. El nivel horizontal fosilífero —situado hacia los 280 a 300 m de altitud— se distribuía caprichosamente por las pendientes de las colinas. Los gruesos molares de mastodontes, los fragmentos de defensas, no podían pasar desapercibidos. No es raro encontrar molares como éstos (los dientes de gigantes) adornando las chimeneas de las casas de labor de la región. Algunos labradores se acuerdan todavía de cuando, siendo niños, descubrían estos fósiles, o bien del lugar donde su padre decía haber encontrado aquellos molares, o a lo mejor, simplemente, de aquel punto de sus tierras donde una vez habían extraído arena. Las prospecciones en terreno cultivado, donde prácticamente nada aflora ya, se distinguen por el lugar que en ellas ocupan las relaciones humanas, algo siempre enriquecedor. En tierras áridas, como en el Pakistán o en la Rift Valley (África oriental), sólo se cuenta por el contrario con la observación directa. Al cabo de largas caminatas por escarpaduras y cortes naturales del terreno pueden llegar a localizarse osamentas que la erosión ha ido sacando a la luz o detectarse emplazamientos fosilíferos que justifican una excavación importante.

Este cráneo, y algunos más, fueron mostrados al público con motivo de una exposición organizada por el Musée en Herbe y el Museo Nacional de Historia Natural, que tuvo lugar en el Jardin d'Acclimatation, en París. La exposición, dirigida a los escolares, tenía como objetivo ofrecer una visión directa del fenómeno de la evolución a través de animales familiares: los elefantes y sus antepasados. Los niños, sin saberlo, contemplaron lo que Cuvier nunca llegó a ver, sin por otra parte sorprenderse demasiado. Los fósiles ya no sorprenden, y es mucho mejor así: sabemos que los fósiles no son ficciones y que la vida tiene una historia.

Las campañas de excavaciones realizadas en el departamento del Gers y en el del Alto Garona, prácticamente contiguo, duraron 11 años consecutivos. Solamente en el lugar llamado En Péjouan se exhumaron, en total, los restos de mastodontes pertenecientes a una veintena de individuos, que iban desde el ejemplar recién nacido hasta el viejo adulto. Descubrí particularmente que en las hembras —de tamaño notablemente inferior al de los machos—, las defensas eran muy pequeñas o carecían por completo de ellas. El programa de investigaciones en el marco del cual se realizaron estas expediciones bajopirenaicas tenía por objetivo un mejor conocimiento de la sucesión cronológica de las faunas de mamíferos en las cuencas sedimentarias situadas al norte del antiguo Tetis. Como ya se ha visto con el ejemplo de los primates, el papel representado por el Tetis en la diversificación de las faunas de mamíferos, suscitaba, y suscita todavía, el más vivo interés. Los especialistas se reúnen regularmente —para eso están los coloquios, mesas redondas y otros simposios— con el fin de confrontar sus resultados y precisar la cronología de los depósitos y las reconstrucciones geográficas, aspectos de los que se ocupan la bioestratigrafía y la paleobiografía. Pero aquí ya entramos en otros dominios: hemos dejado atrás las campañas del Gers y el reino del placer elemental.

La necesidad de los fósiles

Ya no urge guerrear a brazo partido para obligar a admitir la veracidad de los fósiles y la realidad de la evolución biológica. Las escaramuzas que promueven las sectas creacionistas americanas resultan desfasadas, cuando no absurdas.

Entonces... ¿Qué utilidad tiene sacar a la luz algunos fósiles más? ¿No se supone que los museos ya están de ellos hasta los topes? ¿Acaso no se conocen ya perfectamente las grandes líneas de la historia de la evolución? ¿Es que no existen otros objetos de estudio, infinitamente más novedosos y más próximos a la estructura íntima de la vida —los genes— para quien quiera conocer la evolución biológica? ¿No sería una buena idea impedir que los paleontólogos se dieran el gustazo de descubrir «bellos objetos», como uno de ellos, particularmente imprudente, acaba de confesar sin rebozo alguno?

Supongo que nadie esperará de mí que responda afirmativamente a todas estas preguntas. A lo largo de estas breves páginas he intentado presentar algunas de las cuestiones científicas que actualmente se plantean en materia de evolucionismo y a las cuales sólo se puede intentar responder gracias a la información que aportan los fósiles. Acabamos de ver que incluso en lo que respecta a especies fósiles identificadas desde hace siglos, es posible descubrir elementos absolutamente nuevos. Existen grupos enteros que sólo conocemos a través de ciertos tipos de caracteres, especialmente los dientes para los mamíferos. Supongamos que se produce el descubrimiento de restos del esqueleto: es posible que las conclusiones evolutivas deducidas anteriormente deban ser revisadas o, directamente, modificadas por completo. La evolución de los caracteres en direcciones y a ritmos diferentes —la evolución en mosaico— es un proceso fundamental cuya comprensión nos proporciona una de las claves del mecanismo evolutivo en general, y del de la adaptación en particular. Se ha visto también que la investigación del *tempo* evolutivo, en lo que respecta a la determinación de los procesos graduales y «punctuados», precisa una documentación fósil abundantísima y un registro estratigráfico particularmente denso y preciso. Ahora bien, sobre esta cuestión en concreto hay más estudios a realizar que investigaciones ya realizadas. Se ha visto igualmente la riqueza de las informaciones que aportan los fósiles para las reconstrucciones paleogeográficas. Los modelos inspirados en la tectónica de las placas son infinitamente menos precisos para los períodos de la era primaria que para los períodos posteriores. Los fósiles constituyen, en este sentido, unos vectores inapreciables para las inferencias paleogeográficas, para la reconstrucción de los continentes y océanos arcaicos, al igual que lo fueron, en época de Wegener, para la reconstrucción del Gondwana.

Los trabajos que podrían calificarse de rutinarios, como las grandes monografías donde se presentan los estudios exhaustivos de un grupo taxonómico cualquiera o de una fauna de una época dada en una región dada, constituyen la base misma de las futuras extrapolaciones al plano general. De hecho, es muy frecuente que obliguen a realizar retoques profundos en lo que se creía establecido. La historia de la concepción del modelo de los «equilibrios punctuados» resume por sí sola este aspecto de las cosas. Sin las monografías específicamente paleontológicas sobre los caracoles terrestres y los trilobites marinos, los modelos ontogenéticos sobre la heterocronía del desarrollo y el modelo actualista de la especiación geográfica jamás habrían podido evaluarse —y alimentarse— a la luz de la historia.

En realidad, si se desea ilustrar la historia de la vida a lo largo del tiempo, siempre serán necesarios más y más fósiles. Este *más* es indispensable para llenar las lagunas. Los archivos del planeta se enriquecen sin cesar, pero siguen existiendo vacíos considerables. Por ejemplo, jamás se ha descubierto ningún tetrápodo en el piso aaleniense del jurásico (entre 175 y 180 millones de años de antigüedad). El jurásico (entre los 200 y 130 millones de años: la edad de oro de los dinosaurios) es, por otra parte, un período que en conjunto se muestra avaro en restos fósiles de vertebrados terrestres. Si se pretende comprender la historia de la vida a lo largo del tiempo, siempre harán falta más y más fósiles. Este *más* es indispensable para cercar los problemas que se le plantean a quien busca comprender el *tempo* de la evolución y las distribuciones biogeográficas del pasado más remoto.

Ilustrar y comprender: estos dos aspectos del estudio de la evolución biológica en su dimensión histórica son inseparables. Lo que sucedió realmente sobre la tierra sólo puede percibirse, aunque sea de forma aproximada, gracias a los fósiles. Son un elemento de evaluación indispensable para los modelos concebidos frecuentemente sobre el presente. El paleontólogo, en cuanto historiador de la vida, no se interesa tanto por lo que pudo suceder sabiendo la probabilidad de tal acontecimiento evolutivo en función de tal modelo, como por descifrar el hecho del pasado y reconstruir la historia única que ha regido el despliegue de los seres vivos desde hace cerca de 4.000 millones de años. Por supuesto, ya lo hemos visto, este desciframiento y esta reconstrucción no son inmediatos: la historia no se lee directamente sobre las piedras; conviene aplicar una clave teórica a las observaciones, si no, la paleontología no sería una ciencia. Pero, en este caso, la materia prima —y es una suerte inesperada a la cual parece que nos hemos acostumbrado demasiado— se nos ofrece sin otras distorsiones que las alteraciones debidas a la erosión, a los procesos de fosilización, es decir, al tiempo, simplemente. En lo que respecta a la información transmitida, estas alteraciones son, sin lugar a dudas, un mal menor.

La paleontología —como todas las disciplinas de la sistemática, ciencia venerable de la diversidad biológica en el tiempo y en el espacio— nunca ha estado tan bien armada conceptualmente como en estos finales de siglo. Pero se diría que su puesto entre las ciencias jamás ha sido tan precario. Baste un sólo ejemplo, tomado del extranjero con el fin no herir las susceptibilidades y las carreras nacionales. El año pasado, la sección de los mamíferos fósiles fue suprimida del nuevo organigrama de uno de los principales museos de historia natural del mundo, si no el principal: el British Museum (Natural History) de Londres. De creer a algunos, el paleontólogo, evolucionista histórico y, como tal, agobiado por el peso de los años, se ha quedado trasnochado. Ya había dicho todo lo que tenía que decir, se puede prescindir de él. Otra especie más en vías de extinción. Frecuentemente encuentro interlocutores que se manifiestan sorprendidos al descubrir que todavía existen paleontólogos por estos pagos. Algunos estudiantes, futuros geólogos, se preguntan si de veras es razonable insistir en grados de riesgo. Otros, futuros biólogos, ¡llegan incluso a confesarme su extrañeza cuando les confirmo que todavía existen grandes campañas de excavaciones paleontológicas por todo el mundo! Ahora bien, como ya se ha comentado, actualmente se está construyendo una nueva teoría de la macroevolución que valora la importancia de cada uno de los distintos niveles de integración de los fenómenos evolutivos. Entre estos niveles, figura el del organismo, tanto en su dimensión taxonómica como cronológica. El fósil no es sólo uno de los materiales que constituyen las capas geológicas. La evolución no sólo se manifiesta en los errores de transcripción de las secuencias de nucleótidos del ADN. Muchas de las cuestiones que se desprenden de los archivos fósiles ni siquiera han sido rozadas en estas páginas. Los desafíos científicos que el paleontólogo debe descifrar nunca han sido tan numerosos ni tan prometedores. La teoría de la evolución que surgió entre los años 1930-1940 ha sido bautizada con toda propiedad con el nombre de Teoría Sintética. Todas las disciplinas evolutivas tenían cabida en su seno. Con todo, la tentación del reduccionismo no dejó de alcanzarla. Esta tentación no ha desaparecido actualmente. El último mensaje de los fósiles, ¿amenaza con ser el del paleontólogo? Una historia de más de 3.000 millones de años justifica sin embargo la actividad de un puñado de paleontólogos, y mucho más.

Bibliografía

Allen, K. C., Briggs D. E. G. (obra colectiva editada por): *Evolution and the Fossil Record*. Washington, Smithsonian Institution, 1989.

Bonis, L. de: *Évolution et extinction dans le règne animal*. París, Masson, 1991.

Coppens, Y.: *Le Singe, l'Afrique et l'Homme*. París, Fayard, 1983.

David, B., Dommergues J.-L., Chaline, J., Laurin, B. (obra colectiva coordinada por): *Ontogenèsse et Évolution*. Géobios Mém. Sp. 12, Lyon, 1989.

Devillers, C., Chaline J.: *La Théorie de l'évolution*. París, Dunod, 1989. (Trad. española: *La teoría de la evolución: actuales conocimientos científicos*. Madrid, Akal, 1993).

Eldredge, N.: *Times Frames*. Nueva York, Simon and Schuster, 1985.

Les Extinctions dans l'histoire des vertébrés, obra colectiva, Mémoires de la Société géologique de France, n. 150, París, 1987.

Gould, S. J.: *Dientes de gallina, dedos de caballo*. Madrid, 1984.

Gould, S. J.: *Vida maravillosa*. Crítica. Barcelona, 1991.

Hublin, J.-J., Tillier, A.-M. (obra colectiva dirigida por): *Aux origines d'Homo Sapiens*. París, PUF, 1991.

Laurent, G.: *Paléontologie et évolution en France, 1800-1860*, París, Éditions du Comité des travaux historiques et scientifiques, 1987.

On a marché sur la terre, obra colectiva. París, Éditions ICS/Muséum national d'histoire naturelle, 1991.

La Recherche en paléontologie, obra colectiva. París, Le Seuil, col. «Points Sciences», 1989.

Tassy, P. (obra colectiva coordinada por): *L'Ordre et la diversité du vivant*. París, Fayard/Fondation Diderot, 1986.

Tassy, P.: *L'Arbre à remonter le temps*. París, Bourgois, 1991.

Taylor, P. D., Larwood, G. P. (obra colectiva editada por): *Major Evolutionary Radiations*. Oxford, Clarendon Press, 1990.

Weishampel, D. B., Dodson, P., Osmolka, H.: *The Dinosauria*. Berkeley, University of California Press, 1990.

Índice

El Libro de Bolsillo Alianza Editorial Madrid

Libros en venta

1425 Isaac Asimov:
Palabras en el mapa

1426 Jenofonte:
Helénicas

1427 Claude Allègre:
Las iras de la tierra

1428 José Miguel Oviedo:
Antología crítica del cuento hispanoamericano

1429 Silvia Venturi:
El libro de la cocina italiana

1430 Elie Faure:
Historia del arte
1. El arte antiguo

1431 Miguel de Molinos:
Guía espiritual

1432 Robert B. Parker:
Tierra prometida

1433 Lourdes March y Alicia Ríos:
El libro del aceite y la aceituna

1434 Pedro Salinas:
Poesías completas, 3
Razón de amor

1435 Fernando Vallespín, Carlos García Gual, Javier Arce, Andrés Barcala y María Jesús Viguera:
Historia de la teoría política, 1

1436 Ramiro A. Calle:
Yoga y deporte

1437 Bertolt Brecht:
Teatro completo, 3

1438 Paloma Gómez Borrero:
El libro de la pasta

1439 Jesús López Pacheco:
Lucha contra el murciélago
y otros cuentos

1440 Rafael Alberti:
Baladas y canciones del Paraná

1441 Henrik Ibsen:
Casa de muñecas
Hedda Gabler

1442 Robert B. Parker:
Un águila de montaña

1443 Juan Suárez de Peralta:
Tratado del descubrimiento de las Yndias y su conquista

1444 Inmanuel Kant:
Observaciones acerca del sentimiento de lo bello y de lo sublime

1445 Robert B. Parker:
La espiral

1446 Alejandro Pradera:
El libro de la fotografía

1447 Manuel Martínez Llopis:
Luis Irízar
Las cocinas de España

1448 P. C. W. Davies y J. Brown:
Supercuerdas
¿Una teoría de todo?

1449 Jack London:
La llamada de la naturaleza. Bâtard

1450 Leon Tolstoi:
Anna Karenina, 1

1451 Leon Tolstoi:
Anna Karenina, 2

1452 Leonardo Sciascia:
Las parroquias de Regalpetra

1453 Ana Torán:
Diccionario de la limpieza, los trucos y las chapuzas

1454 Thomas de Quincey:
La rebelión de los tártaros

1455 Calímaco y Crisórroe
Introducción y notas de Carlos García Gual

1456 Germán Arciniegas:
Amérigo y el Nuevo Mundo

1457 Dashiell Hammett:
Una mujer en la oscuridad

1458 Miguel A. García Dory, Silvio Martínez y Fernando Orozco:
Guía de campo de las razas autóctonas de España

1459 Elie Faure:
Historia del arte
2. El arte medieval

1460 Pedro López Alegret:
El libro de la nutrición

1461 Jorge Amado:
Mar Muerto

1462 Frank Baum:
El mago de Oz

1463 Martin Gardner:
La nueva era
Notas de un observador de lo marginal

1464 Marvin Harris:
Antropología cultural

1465 Jean-Jacques Rousseau:
Emilio, o de la educación

1466 Isaac Asimov:
Cuentos de los viudos negros

1467 J. D. Salinger:
Nueve cuentos

1468 A. G. Cairns-Smith:
Siete pistas sobre el origen de la vida

1470 Henri Rubinstein:
La medicina del dolor

1471 Jorge Víctor Sueiro:
El libro del marisco

1472 Leonardo Sciascia:
El día de la lechuza

1473 José Hierro:
Antología poética

1474 Anton Chejov:
Ivánov - La gaviota - Tío Vanya

1475 Pedro Salinas:
Poesía completa, 4

1476 Inés Ortega:
El libro de las carnes

1477 Eurípides:
Andrómaca. Héracles. Las Bacantes

1478 Spinoza:
Tratado breve

1479 Miguel Salas Parrilla:
Técnicas de estudio para enseñanzas medias y universidad

1480 Manuel Martínez Llopis:
El arte de la mesa

1481 Boris Vian:
Con las mujeres no hay manera

1482 San Agustín:
Confesiones

1483 John Locke:
Segundo tratado sobre el Gobierno civil

1485 Stephen W. Hawking:
Historia del tiempo

1486 George Berkeley:
Tres diálogos entre Hilas y Filonus

1487 Pierre Thuillier:
De Arquímedes a Einstein, I

1488 Pierre Thuillier:
De Arquímedes a Einstein, II

1489 J. F. de la Bodega y Cuadra:
El descubrimiento del fin del mundo (1775-1792)

1490 Marvin Harris:
Bueno para comer

1491 José M.ª Martín Triana:
El libro de la ópera grabada

1492 Demóstenes:
Discursos

1493 Isaac Asimov:
El archivo de los viudos negros

1494 Bertold Brecht:
Teatro completo, 4

1495 María A. Terry Muñoz:
La cocina de la Thermomix

1496 Rafael Alberti:
Entre el clavel y la espada (1939-1940)

1497 John Gribbin:
El punto omega

1498 Antonio Roche:
El libro de los postres

1499 Félix de Azara:
Descripción del Paraguay

1501 Julián Marías:
Cervantes clave española

1502 John Kovak:
Las 100 mejores películas

1503 Tomás López Medel:
Tratado de los tres elementos

1504 Maguelone Toussaint-Samat:
Historia natural y moral de los alimentos
1. La miel, las legumbres y la caza

1505 Antón Chéjov:
Las tres hermanas
El huerto de los cerezos

1506 Adolfo Bloy Casares:
La trama celeste

1507 Ross McDonald:
La piscina de los ahogados

1508 Beltolt Brecht:
Narrativa completa, 3

1509 José Miguel Oviedo:
Breve historia del ensayo hispanoamericano

1510 Elie Faure:
Historia del arte, 3

1511 W. B. Yeats:
Antología bilingüe

1512 Abdalá Benalmocaffa:
Calila y Dimna

1513 Leonardo Sciascia:
El mar del color del vino

1514 David M. Ranp:
El Asunto Némesis

1515 Francisco de Requena y otros:
Ilustrados y bárbaros

1516 Stanislaw Lem:
Eden

1517 Samuel Johnson:
La historia de Rasselas, Príncipe de Abisinia

1518 Stanislaw Lem:
Relatos del piloto Pirx

1519 Joseph Conrad:
Nostromo

1520 Maguelonne Toussaint-Samat:
Historia natural y moral de los alimentos
2. La carne, los productos lácteos y los cereales

1521 María Victoria Llamas:
Cocina para personas ocupadas

1522 William Bains:
Ingeniería genética para todos

1523 Elie Faure:
Historia general del arte, 4

1524 Amin Maalouf:
León el Africano

1525 Maguelonne Toussaint-Samat:
Historia natural y moral de los alimentos
3. El aceite, el pan y el vino

1526 Immanuel Kant:
Antropología

1527 Stanislaw Lem:
Más relatos del piloto Pirx

1528 Maguelonne Toussaint-Samat:
Historia natural y moral de los alimentos
4. Los pescados y las aves de corral

1529 Arthur Connan Doyle:
El sabueso de los Baskerville

1530 Maguelonne Toussaint-Samat:
Historia natural y moral de los alimentos
5. El caviar, los mariscos y el jamón

1531 Max Weber:
Escritos políticos

1532 Cicerón:
El orador

1533 Maguelonne Toussaint-Samat:
Historia natural y moral de los alimentos
6. La sal y las especias

1534 Iris M. Zavala:
El bolero. Historia de un amor

1535 Maguelonne Toussaint-Samat:
Historia natural y moral de los alimentos
7. El azúcar, el chocolate, el café y el té

1536 Tommaso Campanella:
La política

1537 E. M. Dostoyevski:
Apuntes del subsuelo

1538 Bernard Pellequer:
Guía del cielo

1539 Michael Eckert y Helmut Schubert:
Cristales, electrones, transistores

1540 Fernando Vallespín (ed.):
Historia de la teoría política, 3

1541 Juan Valera
La ilusiones del doctor Faustino

1542 R. M. Hare:
Platón

1543 Eduardo Battaner:
Planetas

1544 Maguelonne Toussaint-Samat:
Historia natural y moral de los alimentos
8. Las frutas y las verduras

1545 Medardo Fraile:
Cuentos completos

1546 Aileen Serrano y M.ª Carmen Arce:
ABC de las tragedias domésticas

1547 Cicerón:
Discursos cesarianos

1548 Mariano Mataix:
Lud[illegible] matemática

1552, 1553 San Juan de la Cruz:
Obra completa
Edición de Luce López-Baralt y Eulogio Pacho

1554 Ken Richardson:
Para comprender la psicología

1555 Martin Rady:
Carlos V

1556 Carlos García del Cerro y Manuel Arroyo:
101 quesos magistrales

1557 Royston M. Roberts:
Serendipia
Descubrimientos accidentales en la ciencia

1558 David J. Melling:
Introducción a Platón

1559 Maguelonne Toussaint-Samat:
Historia natural y moral de los alimentos
9. Las conservas, los congelados y la dietética

1560 Leon Edel:
Bloomsbury
Una guarida de leones

1561 John Gribbin:
El agujero del cielo

1562 François Rabelais:
Gargantúa

1563 Dionisio de Halicarnaso:
Tres ensayos de crítica literaria

1564 Jennifer J. Ashcroft y J. Barrie Ashcroft:
Cómo adelgazar y mantenerse delgado

1565 Elie Faure:
Historia del arte, 5

1566 Francisco Páez de la Cadena:
El libro del bonsai

1567 Ramiro A. Calle:
El libro de la relajación, la respiración y el estiramiento

1568 Rubén Darío:

1572, 1573 Carlos Abellá:
Historia del toreo, 2 y 3

1574 Ramón Casilda Béjar:
Sistema financiero español

1575 Augusto M. Torres:
El cine norteamericano en 120 películas

1576 Fernando Vallespín (ed.):
Historia de la teoría política, 4

1577 Camilo José Cela:
La colmena

1578 Patricia Highsmith:
Pequeños cuentos misóginos

1579 Ignacio H. de la Mota
El libro del plátano

1580 Carlos García Gual:
Introducción a la mitología griega

1581 George Berkeley:
Tratado sobre los principios del conocimiento humano

1582 Mária Alemany:
Obesidad y nutrición

1583 M.ª del Carmen Zarzalejos:
El libro de la cocina iberoamericana

1584 Immanuel Kant:
Opúsculos de filosofía natural

1585, 1586 Antología crítica del cuento hispanoamericano del siglo XX, 1, 2
Selección de José Miguel Oviedo

1587 Zygmunt Bauman:
Libertad

1588, 1589 Juan García Hortelano:
Cuentos completos, 1, 2

1590 Juan Carlos Sanz:
El libro del color

1591 Michael Argyle:
La psicología de la felicidad

1592 Leonardo Sciascia:
A cada cual lo suyo

1593 Ramón Llul:

1598 Enrique Cornelo Agrippa:
Filosofía oculta
Magia Natural

1599 G. W. Leibniz:
Nuevos ensayos sobre el entendimiento humano

1600 Ulla Folsing:
Mujeres Premios Nobel

1601 Nicholas Humphrey:
La mirada interior

1602 Chris Cook:
Diccionario de términos históricos

1603 John A. Hall, G. John Ikenberry:
El estado

1604 Apolodoro:
Biblioteca mitológica

1605 Pilar Llamas:
Decoración con flores secas

1606 Patricia Highsmith:
El temblor de la falsificación

1607 Giovanni Boccaccio:
Vida de Dante

1608 Inmanculada Tejera:
El libro del pan

1609 Yevgeni Zamyatin:
Nosotros

1610 Frans de Wall:
La política de los chimpancés

1611 Apiano:
Sobre Iberia y Aníbal

1612 Oppenhaimer:
Calor letal

1613 Abelardo y Eloísa:
Cartas

1614 Bertolt Brecht:
Narrativa completa. 5

1615 Emile Durkheim:
Las formas elementales de la vida religiosa

1616 Celine Vence:
El libro de la barbacoa

1618 César Vidal:
Diccionario de las tres religiones

1622 Maneton:
Historia de Egipto

1619 Chretien de Troyes:
Cliges

1624 Pedro Salinas:
Poesías completas, 5

1623 Luis San Valentín:
La cocina de los monjes

1625 Agustín Remensal:
Un banquete para los dioses

1626 Ross Macdonald:
El blanco en movimiento

1627 María del Carmen Zarzalejos:
La cocina del Camino de Santiago

1628 Esperanza Guisán:
Etica sin religión

1629 Fenando Vallespín (ed.):
Historia de la Teoría Política, 5

1630 Inés Ortega:
Trucos y consejos de cocina